홉킨스가 들려주는 비타민 이야기

홉킨스가 들려주는 비타민 이야기

ⓒ 황신영, 2010

초   판   1쇄 발행일 | 2006년 6월 29일
개정판   1쇄 발행일 | 2010년 9월 1일
개정판 12쇄 발행일 | 2021년 5월 31일

지은이 | 황신영
펴낸이 | 정은영
펴낸곳 | (주)자음과모음

출판등록 | 2001년 11월 28일 제2001-000259호
주   소 | 04047 서울시 마포구 양화로6길 49
전   화 | 편집부 (02)324-2347, 경영지원부 (02)325-6047
팩   스 | 편집부 (02)324-2348, 경영지원부 (02)2648-1311
e-mail | jamoteen@jamobook.com

ISBN 978-89-544-2087-7 (44400)

홉킨스가 들려주는

비타민 이야기

| 황신영 지음 |

|주|자음과모음

노벨상을 꿈꾸는 청소년을 위한
'비타민' 이야기

　대부분의 사람들이 비타민에 대해 알고 있는 것은 단백질, 탄수화물, 지방, 물, 무기질과 함께 비타민이 필수 영양소에 속한다는 정도입니다. 비타민이 영양소라는 사실이 알려진 것도 100여 년이 조금 넘었을 뿐, 아직까지 활발하게 연구되고 있는 분야입니다.

　과학자들이 비타민 결핍으로 인해 생긴 병의 치료 방법을 알기 위해 연구한 것이 비타민을 발견하게 된 계기입니다. 여러 과학자 중 비타민의 존재를 처음으로 예견한 사람이 바로 홉킨스입니다. 홉킨스는 정규 교육을 받지 않고 혼자 힘으로 공부한 과학자로 여러 가지 중요한 발견을 하였습니다.

그는 비타민 연구에 관한 공로를 인정받아 노벨상을 수상하기도 했습니다.

이 책은 홉킨스가 여러분에게 비타민에 관한 이야기를 들려주는 형식으로 썼습니다. 비타민의 발견 과정에는 여러 과학자들의 알려지지 않은 이야기가 숨어 있습니다. 과학적인 연구 결과를 믿지 않은 채 당대 유명한 과학자의 학설만을 믿고 비타민이 부족해서 생긴 병을 전염병이라고 생각했던 사람들의 무지와 과학적 오류 등이 아니었다면 좀 더 빨리 비타민의 존재를 알 수 있었을 것입니다. 그랬다면 질병으로 고생하는 많은 사람을 구할 수 있었을 것입니다.

여러분은 이 글을 읽으면서 과학자의 연구는 어떻게 이루어져야 하는지를 다시 한 번 생각해 볼 수 있을 것입니다. 또한 비타민의 종류와 그 역할에 대해 살펴보고 우리 몸의 건강을 유지하기 위해서는 어떤 습관을 길러야 하는지도 생각해 보세요.

끝으로 이 책을 출간할 수 있도록 도와준 ㈜자음과모음의 강병철 사장님과 기획실, 편집부 관계자 여러분께 깊은 감사를 드립니다.

황 신 영

차례

비타민이 무엇인가요?

사람에게 꼭 필요한 영양소인 비타민은 어떤 일을 하며
왜 필요한 것인지 그 이유를 알아봅니다.

1

첫 번째 수업

비타민이 무엇인가요?

홉킨스가 학생들에게
자신을 소개하며
첫 번째 수업을 시작했다.

　안녕하세요, 여러분. 나는 여러분에게 비타민 이야기를 들
려줄 홉킨스입니다. 나는 어려서부터 과학에 관심이 많았습
니다. 과학 분야 중 특히 생화학에 관심이 많았는데 내가 했
던 여러 연구 중에서 비타민을 연구한 공로로 노벨상을 받았
습니다.

　나는 여러분에게 비타민에 대해 들려주고 싶은 이야기가
아주 많아요. 이 수업을 통해 여러분은 비타민에 대한 많은
것을 알 수 있을 것입니다.

　비타민에 대한 이야기를 하기 전에 먼저 영양소에 대해 알

아봅시다. 영양소란 생물이 살아가는 데 꼭 필요한 물질을 말합니다. 사람에게 필요한 영양소에는 어떤 종류가 있을까요?

＿단백질, 탄수화물, 지방, 비타민, 무기질, 물입니다.

네, 잘 알고 있군요. 그럼 각각의 영양소들이 우리 몸에서 어떤 역할을 하는지 알고 있나요?

＿탄수화물, 단백질, 지방을 3대 영양소라고 부릅니다. 이 영양소들이 우리 몸에서 분해될 때 에너지가 발생하는데, 주로 탄수화물과 지방이 에너지원으로 사용되고, 단백질은 우리 몸의 세포를 구성하는 성분이 됩니다.

＿물은 몸무게의 약 $\frac{2}{3}$를 차지하는데 여러 가지 양분과 이산화탄소, 노폐물을 운반하고 체온을 조절하는 일을 합니다.

＿무기질은 몸을 구성하거나 몸의 기능을 조절하는 역할을 하고, 비타민은 몸의 기능을 조절하는 역할을 합니다.

네, 모두 맞아요. 다들 영양소에 대해서 너무 잘 알고 있군요. 아까 어떤 학생이 물이 몸무게의 약 $\frac{2}{3}$를 차지한다고 했는데, 이것은 사람에게만 해당되는 것이랍니다. 다른 생물의 경우에는 몸을 이루고 있는 구성 성분의 양이 다를 수 있습니다. 예를 들어, 다음의 그림에서 알 수 있듯, 시금치와 사람에 포함되어 있는 물질의 구성 성분을 살펴보면 각각 다르게 나타나죠.

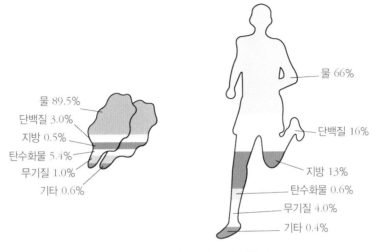

물 89.5%
단백질 3.0%
지방 0.5%
탄수화물 5.4%
무기질 1.0%
기타 0.6%

물 66%
단백질 16%
지방 13%
탄수화물 0.6%
무기질 4.0%
기타 0.4%

시금치와 사람 몸의 구성 성분 비교

한 학생이 손을 들어 질문했다.

__그런데 무기질이랑 비타민은 어떻게 다른 건가요? 둘 다 우리 몸의 기능을 조절하는 역할을 한다고 했는데 말이죠.

무기질에 속하는 영양소에는 칼슘, 인, 나트륨, 칼륨, 요오드 같은 것들이 있습니다. 이들 무기질은 몸을 구성하는 성분이 되기도 하고 몸의 기능을 조절해 주기도 하지요. 예를 들어 칼슘과 인은 뼈나 이를 구성하는 성분이고, 나트륨과 칼륨은 세포에 포함된 물의 양을 일정하게 유지하는 데 쓰인답니다. 요오드는 호르몬의 구성 물질이 되고요. 무기질과 비타민의 다른 점은 무기질은 원소이고, 비타민은 화합물이라는 것입니다.

비타민에 대해 조금 더 보충 설명을 하면 비타민은 탄수화물, 지방, 단백질처럼 우리 몸을 구성하거나 에너지를 내는 영양소는 아닙니다. 하지만 우리 몸의 기능을 조절하는 데 있어 없어서는 안 되는 물질로, 아주 적은 양이 필요하지만 우리 몸 안에서 만들어지지 않거나 만들어지더라도 아주 적은 양이기 때문에 반드시 음식을 통해 먹어야만 합니다.

비타민은 호르몬과 비슷한 점이 많습니다. 비타민과 호르몬 모두 아주 적은 양이 필요하고, 우리 몸의 기능을 조절하는 역할을 합니다. 그러나 다른 점도 있습니다. 비타민은 반드시 음식을 통해 흡수해야 하지만, 호르몬은 몸속의 여러 기관에서 만들어진다는 점이 다릅니다. 그렇다면 이렇게 말할 수 있겠지요.

같은 물질이라도 몸속에서 만들어지면 호르몬으로 분류되고,
만들어지지 않아 음식을 통해 섭취해야 하면 비타민으로 분류된다.

그렇다면 실제로 그런 예가 있을까요? 물론 있습니다. 여러분은 비타민의 종류 중 비타민 C에 대해 들어 본 적이 있

지요? 비타민 C가 하는 일에 대해서는 나중에 다시 자세히 이야기할 거랍니다. 어쨌든 비타민 C는 사람에게 꼭 필요한 물질로 우리 몸에서 만들어지지 않기 때문에 반드시 음식으로 섭취해야 합니다. 그 이야기는 비타민 C가 우리 몸속에서 만들어지는 물질이 아니라는 것이지요.

하지만 사람과 원숭이, 기니피그, 물고기 등 몇몇 종류를 뺀 나머지 동물들은 몸속에서 비타민 C가 만들어지므로 비타민이 아닌 호르몬으로 분류됩니다.

한 학생이 손을 들어 질문했다.

　__선생님, 왜 어떤 동물은 몸에서 비타민 C를 만들 수 있고, 어떤 동물은 비타민 C를 만들 수 없는 건가요?

　그건 비타민 C를 만드는 과정과 관계가 있습니다. 비타민 C를 만드는 데에는 포도당과 간에 있는 효소가 필요하답니다. 탄수화물이 몸속에서 소화되면 포도당이라는 물질이 생깁니다. 포도당은 혈액을 통해 간에 도착하게 되고 간에 있는 4가지 효소들에 의해 비타민 C가 됩니다.

　그런데 이 효소들 중에서 제일 마지막에 작용하는 효소가 사람에게서는 없어져 버렸습니다. 4번째 효소를 만드는 데

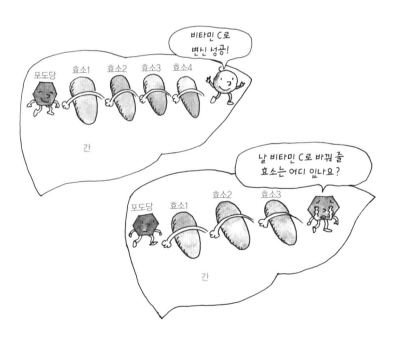

필요한 유전자가 없어진 것입니다. 모든 사람들이 비타민 C 를 만들지 못하는 유전병에 걸린 것이지요.

스톤(Irwin Stone, 1907~1984)이라는 과학자가 사람의 진화 과정을 연구한 결과 이 4번째 효소를 만들어 내는 유전자가 지금으로부터 5,500만~6,500만 년 전 영장류의 조상에게서 나타난 돌연변이로 인해 없어졌을 것이라고 추측했습니다. 그래서 같은 영장류 조상을 둔 사람과 원숭이 종류는 오늘날 비타민 C를 만들지 못하게 된 것이지요.

─선생님, 비타민 이야기를 하다가 갑자기 유전자와 진화 이야기를 하니 너무 어려워요. 좀 더 자세히 설명해 주시면

안 될까요?

그럼 유전자와 진화에 대해 자세히 설명하도록 하지요. 생물의 특징을 결정하는 정보를 담고 있는 것은 세포 속의 핵입니다. 핵 안에는 염색체라고 부르는 작은 구조물이 있는데 염색체 속에는 우리 몸에 관한 모든 정보가 들어 있는 유전자가 있습니다.

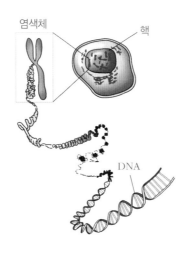

예를 들어 눈을 만드는 데 필요한 유전자, 호르몬을 만드는 데 필요한 유전자 등이지요. 부모님 사이에 태어난 자식들은 부모님의 유전자를 물려받게 됩니다. 이런 것을 유전이라고 부르지요. 그런데 오랜 세월 동안 유전자를 전해 주다 보면 조금씩 달라지게 됩니다. 마치 여러분이 학교 운동장에서 놀다가 넘어져 무릎이 약간 까졌는데 옆 반 친구에게 이야기가 전달되는 과정에서 "철수가 운동장에서 놀다가 다리가 부러졌대.", "철수가 학교 앞에서 교통 사고를 당해서 병원에 실려갔대."라는 식으로 실제 있었던 일과는 전혀 다른 이야기가 되어 버리는 것과 마찬가지입니다.

이렇게 생물의 유전자가 조금씩 달라지게 되면 먼 후대의 생물은 원래 조상과는 모습이나 행동 등이 다르게 되는 것이죠. 이러한 과정을 진화라고 합니다.

다시 비타민 C에 관한 이야기로 돌아가 보죠. 여러분의 부모님, 할아버지, 증조할아버지……, 이렇게 거슬러 올라가다 보면 최초의 조상이 있을 것입니다. 이처럼 한 집안의 조상들을 기록한 것을 족보라고 하지요? 족보를 거슬러 올라가다 보면 같은 성씨를 가진 학생들은 한 조상에게서 갈라져 나온 후손일 것입니다. 이제 이것을 사람 전체에 적용시켜 볼까요.

사람과 원숭이 종류는 크게 영장류라는 무리에 속합니다. 아주 오랜 세월을 거슬러 올라가다 보면 원숭이와 사람의 공통 조상이 있을 것입니다. 처음의 공통 조상은 비타민 C를 만드는 데 필요한 효소 유전자를 가지고 있었겠지만, 후손들 중 몇몇은 비타민 C를 만드는 데 필요한 유전자가 없는 돌연변이가 나타났을 것입니다. 정상 유전자를 가지고 있던 조상과 돌연변이 유전자를 가지고 있던 조상들 중 돌연변이 유전자를 가진 조상들만 살아남게 되자, 그 후손들은 모두 돌연변이 유전자를 물려받아 오늘날과 같이 비타민 C를 만들지 못하게 된 것이지요.

만약 누군가가 사람의 간세포에서 비타민 C를 만드는 데 필요한 네 번째 효소 유전자가 제 기능을 할 수 있도록 하는 방법을 알아낸다면, 사람들은 앞으로 비타민 C가 들어 있는 음식을 먹을 필요가 없을지도 모릅니다.

이와 같이 비타민에 대해 많은 정보가 알려진 것은 비타민을 연구하는 많은 학자들이 있었기 때문입니다. 비타민을 연구한 학자들 중에는 노벨상을 받은 사람도 많습니다.

1928년 비타민 D의 구조를 밝힌 빈다우스(Adolf Windaus, 1876~1959)가 화학상을, 1929년 비타민 발견의 공로로 나와 에이크만(Christiaan Eijkman, 1858~1930)이 생리 의학상을, 1937년 비타민 C의 구조에 관한 연구로 호어스(Walter Ha - worth, 1883~1950)와 카러(Paul Karrer, 1889~1971)가 화학상을, 같은 해 비타민 C를 발견한 센트죄르지(Albert Szent Gy - örgy, 1893~1986)가 생리의학상을, 1938년 비타민 B_2를 합성한 쿤(Richard Kuhn, 1900~1967)이 화학상을, 1943년 담(Carl Dam, 1895~1976)과 도이지(Edward Doisy, 1893~1986)가 비타민 K의 발견으로 생리 의학상을 받았습니다. 이렇게 보니 비타민의 종류도 무척 많은 것 같고, 연구 분야도 참 다양하지요? 오늘날에도 비타민에 대한 연구는 계속되고 있답니다.

과학자의 비밀노트

첫 번째 수업 정리
1. 비타민은 우리 몸의 여러 가지 기능을 담당하는 영양소이다.
2. 비타민은 우리 몸에서 매우 적은 양이 필요하다.
3. 비타민은 반드시 음식을 섭취해야 얻을 수 있다.
　　4. 사람에게 꼭 필요한 비타민이 다른 동물들은 몸에서 만들어지기도 한다.

철이야, 와서 귤 먹어.

싫어. 나는 귤은 시어서 안 좋아해.

귤 속에는 비타민이 많이 들어 있는데, 우리 몸에서 만들어지지 않기 때문에 반드시 음식을 통해 섭취해야 합니다.

비타민이 꼭 있어야 하나요?

비타민은 우리 몸을 조절하는 기능이 있어 꼭 필요한 영양소입니다. 비타민은 호르몬과 비슷한데, 호르몬은 몸속에서 만들어지지만 비타민은 음식을 통해 섭취해야 하는 것이 다릅니다.

비타민은 음식으로 섭취

호르몬 생성

비타민은 모든 동물이 꼭 음식으로 섭취해야 하나요?

사람과 원숭이, 기니피그 등 몇 종류를 뺀 나머지 동물들은 비타민 C가 만들어지므로 비타민이 아닌 호르몬으로 분류됩니다.

왜 사람들과 몇 가지 동물만 몸속에서 비타민을 만들 수 없나요?

비타민 C를 만드는 데에는 포도당과 간에 있는 효소가 필요하답니다. 포도당은 혈액을 통해 간에 도착하게 되고 간에 있는 4가지 효소들에 의해 비타민 C가 됩니다.

포도당   효소1   효소2   효소3   효소4

비타민C로 변신 성공

그런데 이 효소들 중에서 제일 마지막에 작용하는 효소가 사람에게서는 없어져 버렸습니다. 모든 사람들이 비타민 C를 만들지 못하는 일종의 유전병에 걸린 것이지요.

유전병을 치료하는 약이 나올 때까지는 귤을 먹어야겠네요.

2

비타민은 어떻게
발견되었나요?(1)

선원들에게 많이 생겼던 괴혈병은 비타민과 어떤 관계가 있을까요?
린드의 연구 결과를 알아봅시다.

비타민은 어떻게
발견되었나요?(1)

홉킨스가 비타민의 발견에 대해 두 번째 수업을 시작했다.

지난 시간에는 비타민이 무엇인지에 대해 간단히 알아보았어요. 이 시간에는 비타민이 어떻게 발견되었는지에 대해 이야기하려고 합니다. 첫 번째 수업 시간에 사람에게 필요한 영양소가 6가지라고 했지만, 사실 1900년대 초까지만 해도 사람에게 필요한 영양소는 탄수화물, 단백질, 무기질, 지방, 물 이렇게 5가지라는 의견이 널리 퍼져 있었습니다.

왜 그랬을까요? 그것은 비타민이 워낙 적은 양만 필요한데다가 비타민만 순수하게 분리되지 않아 사람들이 비타민의 존재를 모르고 있었기 때문입니다. 그렇기 때문에 비타민에 관한 연구는 1900년대 초에 이르러서야 활발하게 진행되었습니다.

그러나 비타민의 존재에 대해서는 모르고 있었지만, 비타민과 관련된 질병은 아주 오래전부터 사람들을 괴롭히고 있었습니다.

그중 한 가지가 괴혈병입니다. 괴혈병은 수백 년 전부터 알려져 왔지만, 무엇 때문에 이 병에 걸리는 것인지는 알지 못했습니다. 괴혈병에 걸리면 쉽게 힘이 빠지고 피로해지며, 피부 속의 혈관이 터져 멍이 듭니다. 잇몸이 물러져 피가 나고 이빨이 빠집니다. 더 심해지면 목숨을 잃기도 합니다.

괴혈병은 오랜 기간 항해를 하는 선원들에게 많이 나타났는데 괴혈병으로 죽어간 선원들의 수는 엄청났습니다. 1492년 콜럼버스가 아메리카를 발견한 뒤로 유럽의 모든 나라들은 경쟁적으로 신대륙을 발견하기 위해 큰 배를 만들어 항해를 했습니다.

한번 바다에 나가면 몇 주일에서 몇 달 정도 육지에 도착할 수 없기 때문에 선원들은 배에 실은 음식을 먹을 수밖에 없었습니다. 이때는 음식을 신선하게 저장할 수 있는 방법이 없었기 때문에 잘 썩지 않는 비스킷, 소금에 절인 고기, 훈제 고기 등을 실을 수밖에 없었습니다. 물론 충분한 양을 실었기 때문에 선원들이 굶주리는 일은 없었습니다.

그렇게 오랫동안 항해를 하기 때문에 선원들은 괴혈병에 걸리는 경우가 많았습니다. 괴혈병은 몸이 약해지고, 잇몸에서는 피가 나고, 근육이 움직여지지 않다가 서서히 죽어 가는 무서운 병입니다.

일례로 포르투갈의 항해사인 바스코 다 가마는 포르투갈에서 인도까지 새로운 항로를 개척하기 위해 1497년 6월 9일부터 1498년 5월 20일까지 긴 항해를 했습니다. 그런데 이 항해 기간 동안 4척의 배에 타고 있던 160명의 선원 중 100명이 괴혈병으로 죽었다고 합니다.

괴혈병은 선원들 이외에도 전투 중인 군인들, 감옥의 죄수들, 긴 겨울 동안 추운 지역에 사는 사람들에게 많이 나타났습니다. 1734년 오스트리아의 군대에서도 괴혈병이 번져 많은 수의 군인들이 죽었습니다.

　그 당시 군의관으로 일하던 크라머는 괴혈병에 걸린 환자들을 돌보던 도중, 병에 걸리는 사람은 언제나 계급이 낮은 병사들뿐이고 장교들은 걸리지 않는다는 사실을 발견해 냈습니다. 그는 병사와 장교들의 다른 점을 찾던 중 식사의 종류가 다르다는 것을 발견했습니다. 병사들은 빵과 콩밖에 먹지 않았지만, 장교들은 빵과 콩 이외에 과일이나 신선한 야

신선한 야채와 과일을 먹으면
괴혈병에 안 걸리는 게 틀림없어.

채를 먹고 있었습니다.

크라머는 이런 관찰 결과를 토대로 과일과 야채가 괴혈병을 예방해 준다는 내용의 보고서를 썼지만, 그의 의견에 관심을 기울이는 사람은 아무도 없었습니다. 그 보고서는 곧 잊혀지고 말았습니다.

이와 비슷한 시기에 영국 해군 역시 괴혈병 때문에 애를 먹고 있었습니다. 그 당시 영국은 전 세계에 식민지를 만든 후 바다를 항해하며 무역을 하고 있었습니다. 그래서 물건을 실어 나르는 상선의 선원뿐만 아니라 이들 상선을 보호하기 위한 해군들도 오랜 기간 항해를 해야 했는데, 괴혈병으로 인해 죽어 간 해군 수가 전쟁에서 죽은 해군 수보다 많았습니다.

실제로 1740년과 1744년 사이에 6척의 배에 2,000명을 싣고 세계를 일주한 항해에서 1,000명이 넘는 선원들이 괴혈병으로 죽자, 놀란 영국 정부는 그 원인을 찾기 위해 노력하기 시작했습니다.

1747년 영국 해군의 군의관으로 일하던 린드(James Lind, 1716~1794)는 괴혈병으로 고생하는 선원들을 보고 괴혈병에 대해 관심을 가지게 되었습니다. 그러던 중 우연히 크라머가 쓴 보고서를 읽게 되었습니다. 그의 보고서에 흥미를 느낀 린드는 괴혈병에 관해 적은 다른 책들을 찾기 시작했습니다.

그러다가 1500년대의 탐험가인 자크 카르티에가 남긴 기록을 읽게 되었습니다. 자크 카르티에가 오랜 항해 끝에 캐나다에 상륙했을 때 많은 선원들이 괴혈병으로 죽어 가고 있었는데, 한 인디언이 어떤 나무의 나뭇잎을 우려낸 물을 주어 마셨더니 병이 나았다는 내용이었습니다.

린드는 '괴혈병에 걸리는 이유는 환자들이 먹는 음식에 무엇인가가 부족하기 때문이며, 그 부족한 물질을 채워 주면 병이 나을 것'이라고 생각했습니다. 자신의 생각이 맞는지 확인하기 위해 린드는 괴혈병에 걸린 환자 12명을 대상으로 실험을 하였습니다. 먼저 환자를 2명씩 6조의 무리로 나누었습니다. 모든 환자들에게는 똑같은 식사를 주면서 한 가지 음식은 각각 다른 것을 먹였습니다. 그 음식은 오렌지, 식초, 바닷물, 묽은 황산, 사과술 그리고 자신이 만든 약이었습니다.

6일이 지난 후 오렌지를 먹은 환자 2명은 나았지만 나머지 음식을 먹은 10명의 환자들은 여전히 괴혈병을 앓고 있었습니다. 그는 실험을 계속하여 오렌지, 레몬 같은 과일 주스를 먹으면 괴혈병이 빨리 낫는다는 것을 밝혀냈습니다. 린드는

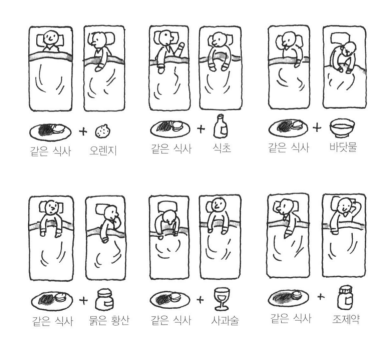

| 같은 식사 | 오렌지 | 같은 식사 | 식초 | 같은 식사 | 바닷물 |

| 같은 식사 | 묽은 황산 | 같은 식사 | 사과술 | 같은 식사 | 조제약 |

연구 결과를 정리하여 1753년에 괴혈병에 관한 책을 펴냈고, 영국 해군 본부에 괴혈병을 예방하기 위해 선원들에게 일정한 양의 레몬주스를 줄 것을 건의했습니다.

여러분은 린드가 이 발견으로 인해 사람들의 칭송을 받을 것으로 생각했을지 모르지만 실제로는 그렇지 않았습니다. 당시의 통념으로는 괴혈병이 과일이나 야채를 먹지 못해 생긴다는 린드의 독창적인 생각을 받아들일 수 없었기 때문입니다.

그러나 린드의 주장을 받아들인 사람도 있었습니다. 그는 영국의 유명한 탐험가인 제임스 쿡 선장이었습니다. 그는 린

드의 책을 읽고 감명을 받아 자신이 지휘하는 배에 신선한 과일을 싣고 병이 난 선원들에게는 과일 주스를 주었습니다. 뿐만 아니라 육지에 상륙하게 되면 항상 신선한 야채와 과일을 실어 선원들의 식사 때마다 사용하게 했습니다. 그 결과 오랜 기간의 항해에도 불구하고 쿡 선장이 지휘하는 배에서 괴혈병으로 죽은 선원은 한 명도 없게 되었습니다.

1776년 영국 정부는 그의 성공적인 항해를 기념하여 쿡 선장에게 귀족 작위를 주었지만, '과일 주스와 신선한 야채를 먹은 선원들에게는 괴혈병이 걸리지 않았다'는 그의 보고에 대해서는 깨끗이 무시했습니다.

린드가 죽던 1794년이 되어서야 영국 해군은 린드의 주장

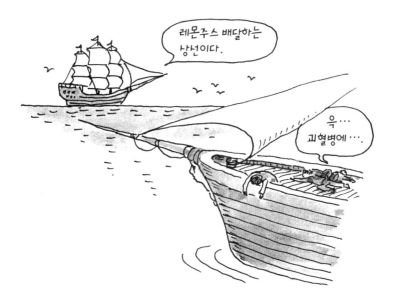

대로 배에 레몬주스를 실었습니다. 그 이후에는 영국 해군들 중에서 괴혈병에 걸리는 사람은 아무도 없었습니다. 영국 해군은 괴혈병 예방을 위해 선원들로 하여금 매일 일정한 양의 레몬주스를 마시도록 법으로 제정했습니다.

그러나 상선의 선원들에게는 이 법이 해당되지 않았기 때문에 그들은 여전히 괴혈병에 시달렸습니다. 상선에도 항상 레몬주스를 실을 것을 법으로 정한 것은 그로부터 70년이 지난 후였기 때문에, 영국 해군에 레몬주스를 배달하러 간 상선의 선원들이 괴혈병으로 죽는 어처구니없는 일도 종종 일어났다고 합니다.

괴혈병의 경우와 같이 아무리 뛰어난 발견이라도 사람들이 인정하지 않으면 묻혀 버리는 일이 많습니다. 진작 크라머나 린드, 쿡 선장의 보고서를 참고했다면 많은 사람들이 어이없이 죽지는 않았겠지요. 오늘날은 괴혈병을 치료하고 예방하는 물질은 비타민 C라는 것이 밝혀졌습니다.

과학자의 비밀노트

괴혈병

• **원인** : 괴혈병은 비타민 C의 결핍에 의해 발생한다. 비타민 C는 우리 몸의 결합 조직을 구성하는 콜라겐의 합성에 필수적인 역할을 한다. 따라서 괴혈병이 생기면 결합 조직에 이상이 생기기 때문에 우리 몸의 어느 부분에서라도 증상이 일어날 수 있다.

• **증상** : 괴혈병은 비타민 C 부족이 3개월 이상 진행되면 증상이 나타나게 된다. 결합 조직에 이상이 생기면 출혈, 전신 권태감, 피로, 식욕 부진 등이 나타나며 피부가 건조해져 거칠어지다가 결국 피하 출혈이 나타난다. 병이 진행되면 특히 압력을 받는 잇몸, 근육, 골막과 피하 점막이 약해지면서 피가 나와 그 부위가 몹시 아프며, 혈뇨와 혈변이 생길 수도 있다.

• **치료** : 비타민 C를 충분히 공급하는 것이 중요하다. 비타민 C가 풍부한 과일은 사과, 살구, 복숭아, 귤이나 레몬, 토마토, 딸기, 파인애플 등이 있다. 또한 비타민 C는 아스파라거스, 아보카도, 브로콜리, 파프리카, 배추, 양배추, 풋고추, 오이, 당근, 완두콩, 강낭콩 등에도 풍부하여 신선한 야채와 과일을 섭취하는 것이 괴혈병 치료에 가장 중요하며 비타민 C 보충제도 도움이 된다고 알려져 있다.

만화로 본문 읽기

선생님, 비타민을 발견한 사람은 누구인가요?

보이지도 않는데 어떻게 발견했을까요?

비타민은 1734년 오스트리아 군의관인 크라머가 처음 발견했지요.

당시 오스트리아에서는 많은 군인들이 괴혈병으로 많이 죽었답니다. 하지만 장교들은 이 병에 걸리지 않았다는 사실을 알게 되었습니다.

왜 장교들은 병에 안 걸렸나요?

장교들은 빵과 콩 이외에 과일이나 신선한 야채를 먹고 있었는데, 바로 괴혈병은 비타민이 부족해서 생긴 병이었던 겁니다.

비타민의 부족으로 생명까지 잃을 수 있군요.

그러니깐 과일을 많이 먹으라고!

크라머는 관찰 결과를 토대로 과일과 야채가 괴혈병을 예방해 준다는 내용의 보고서를 썼지만, 아무도 그의 의견에 관심을 기울이지 않았고 보고서는 곧 잊혀졌지요.

이게 뭐야

굳이...

이후 1747년 영국 해군의 군의관으로 일하던 제임스 린드는 연구를 통해 괴혈병이 과일이나 야채를 먹지 못해 생긴다고 주장했지만 받아들여지지 않았습니다.

괴혈병은 과일과 야채를 못 먹어서 생기는 병!

헌소리 말고 주사기나 찌어!

지금은 상식인데요.

맞아요. 하지만 그때에는 아무리 뛰어난 발견이라도 사람들이 인정하지 않는 경우가 많았습니다.

저도 앞으로 비타민 섭취를 많이 할 생각이에요.

아그 아그

너무 많이 먹어도 안 좋아.

3

비타민은 어떻게 발견되었나요?(2)

동아시아 지역에 사는 사람들에게 많이 걸리던 각기병은 에이크만에 의해
원인이 밝혀졌습니다. 각기병은 비타민과 어떤 관계가 있을까요?

3

세 번째 수업

비타민은 어떻게
발견되었나요?(2)

교. 고등 생물 l   2. 영양소와 소화

과.

연.

계.

홉킨스가 지난 시간에
배운 내용을 복습한 후
세 번째 수업을 시작했다.

　지난 시간에는 괴혈병과 비타민과의 관계에 대해서 이야기
했습니다. 사람들이 과학적 발견에 대해 쉽게 받아들였다면
좀 더 빨리 괴혈병을 치료할 수 있었을 텐데 그렇지 못해 여
러분도 안타깝게 생각했을 것입니다. 어쨌든 당시에는 비타
민의 존재에 대해 아무도 모르고 있었습니다.

　이번 시간에는 비타민이 발견되는 데 직접적인 영향을 준
각기병과, 각기병 치료법을 알아낸 에이크만의 연구에 대해
알아봅시다.

　각기병은 영어로 '베리베리(beriberi)'라고 하는데, 이는 '팔

다리에 힘이 없어지는'이라는 뜻에서 나온 단어입니다. 각기병에 걸리면 몹시 심한 피로를 느끼고 기운이 빠지다가, 다리가 붓고 걷기도 힘들어집니다. 각기병이 심해지면 손발이 마비되어 제대로 걸을 수 없기 때문에 기어 다니게 됩니다. 나중에는 숨이 가쁘며 고열에 시달리다가 죽습니다. 간혹 환자가 회복되는 경우도 있었지만 대부분은 수개월 동안 고생하다 죽었는데, 가족들까지 각기병에 걸리기도 하고 한 마을 사람들이 통째로 걸리는 경우도 흔했습니다.

각기병은 19세기경 주로 동아시아, 중국, 아프리카 등지에 널리 퍼져 있었는데, 원주민들은 악귀 때문에 생기는 병으로 생각하여 주술사들이 주문을 외우고 연기를 태워 악귀를 좇는 의식을 했지만 성공하는 경우는 드물었습니다. 이는 전문 지식을 가진 의사들의 경우에도 마찬가지였습니다. 여러 약을 사용해 보았지만 각기병을 치료할 수 있는 약은 없었습니다.

각기병은 인도네시아에 주둔하고 있던 네덜란드의 군인들에게도 퍼졌습니다. 각기병에 걸려 죽는 군인들의 수가 늘어나자 네덜란드 정부는 여러 의사들과 학자들로 구성된 조사대를 만들어 각기병의 원인을 알아내고자 했습니다. 에이크만은 조사대의 지휘를 맡아 1886년 인도네시아로 떠났습니다.

에이크만뿐만 아니라 조사대에 포함된 학자들은 처음엔 각기병을 세균에 의해 걸리는 전염병으로 생각했습니다.

한 학생이 손을 들어 질문했다.

__ 왜 모든 학자들이 각기병을 전염병으로 생각했나요?

그것은 학자들이 당시 과학계에 널리 퍼져 있던 파스퇴르와 코흐(Heinrich Koch, 1843~1910)의 학설에 영향을 받았기 때문입니다. 파스퇴르(Louis Pasteur, 1822~1895)는 미생물의 존재를 과학적으로 증명해 낸 최초의 학자입니다. 파스퇴르 이전의 과학자들은 미생물이 저절로 생긴다고 믿었습니다.

그러나 파스퇴르는 미생물이 저절로 생기는 것이 아니며 생물을 통해서 생긴다는 것을 증명했습니다. 또, 파스퇴르는 콜레라나 탄저병과 같은 전염병이 세균에 의해 생긴다는 것을 밝혀내고 모든 질병에는 그 원인이 되는 미생물이 존재한 다라는 결론을 내렸습니다. 파스퇴르의 발견 이후 질병을 연구하는 과학자들은 그 병을 일으키는 세균을 찾는 데 온 힘을 다했습니다.

에이크만 역시 세균학자로 유명한 코흐 밑에서 오랫동안 연구를 했기 때문에 각기병 또한 세균에 의해 생기는 질병일 것으로 생각을 했던 것이지요. 더군다나 각기병에 걸린 사람의 가족과 마을 사람들도 각기병에 걸리는 것을 보고 전염병이 틀림없다고 생각한 것입니다.

그래서 에이크만과 여러 과학자들은 최신 현미경을 이용해서 각기병으로 죽은 환자의 몸속을 살펴보았습니다. 환자의

몸속에 각기병을 일으키는 세균이 있을 것으로 생각했기 때문입니다. 환자들의 몸속에는 다양한 세균들이 발견되었는데, 여러 학자들이 밤낮으로 연구한 결과 각기병으로 죽은 환자 15명의 몸속에서 똑같은 종류의 세균을 발견할 수 있었습니다. 에이크만은 그 결과를 얻고 무척 기뻐했습니다. 이 세균이 각기병을 일으켰을 것이라고 생각했기 때문입니다.

학자들은 조심스럽게 이 세균을 키워 많이 만든 다음 건강한 실험용 생쥐에게 주사했습니다. 에이크만의 예상대로라면 어떤 결과가 나와야 할까요?

우리에게 영양제 주사를 났나 봐.

__세균을 주사 맞은 생쥐는 각기병에 걸려야 해요.

네, 맞아요. 그런데 이상하게도 주사를 맞은 생쥐들은 너무나 멀쩡하게 돌아다니는 것이었습니다. 혹시나 실험이 잘못

된 것인가 싶어 여러 번 같은 실험을 반복했지만, 결과는 마찬가지였습니다. 각기병이 세균에 의해 걸리는 전염병일 것이라는 에이크만의 생각이 빗나간 것이지요.

이에 몇몇 과학자들은 독일의 화학자인 리비히(Justus Liebig, 1803~1873)의 학설을 떠올렸습니다. 리비히 역시 그 당시의 유명한 과학자로 동물이 살아가는 데에는 탄수화물과 지방, 단백질이 반드시 필요하며, 단백질은 몸을 구성하고 탄수화물과 지방은 에너지원이 된다는 것을 밝힌 사람입니다. 건강을 유지하기 위해서는 음식을 골고루 먹어야 한다는 것을 알려 준 것이죠.

그래서 과학자들은 혹시 이 지역에 살고 있는 사람들의 음식에 문제가 없는지를 알아보기 시작했습니다. 이 지역에 사는 사람들은 주로 쌀을 주식으로 먹었는데, 성분을 분석해 본 결과 쌀에 부족한 영양분은 없었습니다.

음식을 연구해도 신통한 결과가 나오지 않자 많은 과학자들은 실망하고, 조사대를 떠났습니다. 하지만 에이크만은 포기하지 않고 계속 연구했습니다. 그러나 아무 소득 없이 3년의 시간이 흘렀습니다.

그러던 어느 날 에이크만은 우연히 자신이 근무하던 병원 창문 밖을 내다보다가 병원에서 기르던 닭 중의 몇 마리가 각

기병 환자들처럼 비틀거리며 걷는 것을 보았습니다. 이를 본 에이크만은 당장 마당으로 달려가 닭을 관찰했습니다. 자세히 살펴본 결과 비틀거리는 닭들은 사람과 마찬가지로 각기병에 걸린 것을 알 수 있었습니다. 각기병이 사람뿐만 아니라 닭에게도 생긴다는 새로운 사실을 알게 된 것이죠.

여전히 세균이 병을 일으킬 것이라는 자신의 생각을 버리지 못한 에이크만은 닭에게 각기병을 일으키는 세균과 사람에게 각기병을 일으키는 세균을 찾아 비교해 보면 각기병의 원인을 찾을 수 있을지도 모른다고 생각하고, 병든 닭에게서 각기병 균으로 의심되는 그럴듯한 세균을 뽑아 건강한 닭에 주사하여 각기병이 생기는지 알아보기로 했습니다.

그런데 며칠 후 에이크만은 실험을 해 보기도 전에 각기병에 걸린 닭들이 모두 나아 버린 것을 발견했습니다. 에이크만은 닭들에게 그동안 무슨 일이 일어났는지 알아보기 위해 열심히 조사하였습니다. 조사 결과 병원의 닭을 기르던 사람이 최근에 바뀐 적이 있다는 것을 알았습니다.

먼저 닭을 기르던 책임자는 몇 달 동안 닭에게 병원의 환자들이 먹는 흰쌀을 사료로 주었습니다. 그런데 닭을 기르던 사람이 그만두게 되어 다른 사람이 책임자가 되었는데, 그는 닭에게 사람이 먹는 흰쌀을 주는 것을 아까워했습니다. 그래서 닭에게 쌀겨를 제대로 벗기지 않은 현미를 주었습니다. 마침 책임자가 바뀌어 닭이 현미를 먹기 시작한 때가 에이크만이 각기병에 걸린 닭을 발견한 시기였고, 며칠이 지나자 모든 닭들이 건강해진 것이지요.

한 학생이 손을 들어 질문했다.

__ 선생님, 흰쌀과 현미는 어떻게 다른가요?
쌀은 벼의 열매로, 가을에 수확한 것은 두꺼운 껍질로 싸여 있습니다. 두꺼운 껍질만 벗겨 낸 쌀을 현미라고 하는데, 현미는 얇은 껍질로 싸여 있습니다. 현미는 이 얇은 껍질 때문

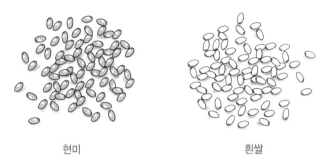

현미   흰쌀

에 누렇게 보이고, 딱딱해서 소화가 잘되지 않고, 맛도 떨어
집니다. 현미 껍질을 벗겨 낸 것을 흰쌀이라고 하고, 현미에
서 떨어져 나간 부분을 쌀겨라고 합니다.

현미 껍질을 벗겨 내는 기술은 19세기에 널리 퍼지게 되었
습니다. 현미 껍질을 벗겨 낸 흰쌀이 나오면서 사람들은 보
기도 좋고 맛도 좋은 쌀밥을 주로 먹게 되고, 현미나 쌀겨는
동물들의 사료로 주게 된 것입니다.

에이크만은 이것에서 힌트를 얻어 다시 닭을 이용한 실험

흰쌀을 먹고 각기병에 걸린 닭

흰쌀　　　　　　　　현미

각기병에 걸린 닭

을 하였습니다. 먼저 건강한 닭에게 다시 쌀겨를 벗긴 흰쌀
을 주었습니다. 얼마 후 닭들은 모두 각기병에 걸렸습니다.

　다음에는 각기병에 걸린 닭을 두 무리로 나누어 한 무리에
는 계속 흰쌀을 주고, 다른 무리에는 현미를 주었습니다.

　그러자 놀라운 결과가 나타났습니다. 다시 현미를 먹인 닭
은 건강하게 되었고, 흰쌀을 먹은 닭은 각기병이 더 심해진
것입니다. 여러 번 실험을 반복해도 항상 같은 결과가 나왔
습니다.

　이 결과를 보고 어떻게 결론을 내릴 수 있을까요?

　__흰쌀을 먹으면 각기병에 걸리고, 현미를 먹으면 각기병

이 나아요.

네, 맞습니다. 하지만 이는 닭에게만 해당되는 것이었고, 사람에게도 같은 결과가 나올지는 알 수 없었습니다. 그래서 에이크만은 이 지역에 있는 교도소에 갇혀 있는 25만 명 이상의 죄수들을 대상으로 조사를 실시했습니다. 이들 교도소 중에서 31곳은 죄수들에게 현미를 주었고, 13곳에서는 현미와 흰쌀을 함께 주었고, 51곳에서는 흰쌀만 주었습니다.

그 결과 현미를 준 31개의 교도소 중 1곳, 흰쌀과 현미를 혼합해 준 13개의 교도소 중 6곳, 흰쌀만 준 51개의 교도소 중 36곳에서 각각 각기병 환자가 생겼습니다. 전체 환자 수를 비교해 보니 흰쌀만 준 교도소가 현미를 준 교도소에 비해 무려 300배나 많은 수의 각기병 환자들이 생겼음을 알 수 있었습니다.

에이크만은 연구 결과를 확인하고 현미를 각기병 환자에게 먹이면 병이 나을 수 있다고 믿게 되었습니다. 그래서 병원에 입원해 있던 각기병 환자들에게 현미를 주었고, 그 결과 모두 회복되었습니다. 불치병이라고 여겨졌던 각기병의 치료법을 발견한 것입니다.

그러나 왜 각기병이 일어나는지에 대해서는 정확하게 설명하지 못했습니다. 에이크만은 쌀에는 각기병을 일으키는 독

이 들어 있는데, 쌀겨 속에 들어 있는 해독 성분에 의해 없어

진다고 생각했지만 증명하지는 못했습니다.

　에이크만은 각기병을 고치는 방법은 찾았지만, 이것이 비

타민과 관계가 있다는 것을 밝히지는 못했답니다. 하지만 에

이크만의 발견으로 질병은 세균에 의해 생기는 것 이외에도

먹는 음식과 관련되어 생기는 것도 있다는 사실이 알려졌습

니다. 각기병이 왜 생기는지, 그리고 각기병을 치료하는 쌀

겨 속에 들어 있는 물질의 성분이 무엇인지를 밝힌 것은 다른

학자들에 의해서였습니다.

오늘 비타민 발견의 두 번째 일화로 각기병과 비타민에 대해서 말해 줄게요.

각기병도 비타민 부족으로 생기는 병인 가요?

예. 인도네시아에 주둔하고 있던 네덜란드의 군인들에게 각기병이 퍼지자 의사인 에이크만은 조사대의 지휘를 맡아 1886년 인도네시아로 떠났습니다.

각기병으로 죽은 환자의 몸속에서 똑같은 종류의 세균을 발견한 에이크만은 세균이 각기병을 일으켰을 것이라고 생각했습니다.

그래, 이 세균이 각기병의 원인일 거야.

그 세균을 건강한 실험용 생쥐에게 주사했습니다. 그런데 주사를 맞은 생쥐들은 멀쩡하게 돌아다녔습니다.

각기병이 세균에 의해 걸리는 전염병일 것이라는 에이크만의 생각이 빗나간 거군요.

맞아요. 그래서 이 지역에 살고 있는 사람들의 음식에 문제가 없는지를 알아보기 시작했습니다. 이후 연구를 통해 흰쌀이 아닌 현미를 먹으면 각기병이 예방된다는 사실을 알게 되었답니다.

여기도 현미를 먹고 있었군.

?

하지만 비타민을 직접적으로 발견한 것은 아니군요.

예. 에이크만은 쌀에는 각기병을 일으키는 독이 들어 있는데 쌀겨 속에 들어 있는 해독 성분에 의해 없어진다고 생각했지만 증명하지는 못했습니다.

비타민의 발견은 길고 험난한 과정이었군요.

4

비타민은 어떻게 발견되었나요?(3)

비타민의 존재를 밝힌 홉킨스와
비타민이라는 이름을 붙인 풍크의 연구에 대해 알아봅시다.

4

네 번째 수업

비타민은 어떻게
발견되었나요?(3)

교. 고등 생물 I   2. 영양소와 소화
과.
연.
계.

홉킨스는 자신이 한 연구에 대해
자랑스럽게 이야기하며
네 번째 수업을 시작했다.

에이크만이 각기병의 치료법을 발견한 이래, 병의 원인은
세균이 아닌 음식과 관계가 있다는 생각이 널리 퍼졌습니다.
그래서 나는 음식과 병의 관련성을 연구하기 시작했습니다.
그때까지 생물이 자라는 데 필요한 영양소로 물, 단백질, 지
방, 탄수화물, 무기질이 있다고 알려졌기 때문에, 각 영양소
가 동물에게 어떤 영향을 미치는지를 알아보기로 했답니다.
각 영양소가 동물에게 미치는 영향을 알아보려면 어떻게 하
면 될까요?

＿동물에게 1가지 영양소만 먹여서 효과를 알아보면 될

것 같아요.

네, 나도 그렇게 생각했답니다. 하지만 음식 속에는 여러 가지 영양소가 들어 있지요? 그래서 나는 먼저 단백질, 지방, 탄수화물, 무기질을 순수한 물질로 분리했습니다. 그러고는 쥐를 대상으로 실험을 해 보았지요.

쥐를 5개의 무리로 나누어 A무리에는 단백질만 주고, B무리에는 지방, C무리에는 탄수화물, D무리에는 무기질, E무리에는 단백질, 지방, 탄수화물, 무기질을 모두 섞은 먹이를 주었습니다. 동시에 모든 무리의 쥐들에게 물을 주었답니다. 물이 없으면 생물은 살아갈 수 없으니까요.

그랬더니 어떤 일이 일어났을까요?

각각 1가지 영양소만 준 쥐들은 당연히 영양실조 상태가 되어 잘 자라지 못했습니다. 그런데 놀랍게도 모든 영양소를

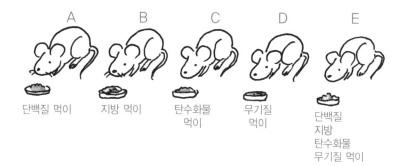

A
단백질 먹이

B
지방 먹이

C
탄수화물
먹이

D
무기질
먹이

E
단백질
지방
탄수화물
무기질 먹이

우리에게 제대로 된 먹이를 달라고!

다 섞어 준 E무리의 쥐들도 잘 자라지 못하는 것이었습니다. 쥐들에게 아무리 먹이를 많이 주어도 체중은 점차 줄어들고 몸이 떨리는 증상이 나타났습니다.

당시까지 알려진 필수 영양소는 물, 단백질, 지방, 탄수화물, 무기질뿐인데 왜 이런 결과가 나타난 것일까요?

＿이미 알려진 영양소 이외에 또 다른 영양소가 있다는 얘기가 아닐까요?

네, 맞아요. 나는 이 놀라운 결과를 보고 우리가 알고 있는 영양소 이외에 아주 적은 양이기는 하지만, 뭔가 다른 영양소를 먹어야 동물이 건강을 유지할 수 있다고 생각했어요. '그 영양소가 들어 있는 음식에는 뭐가 있을까?'를 곰곰이 생각하던 중 아기가 먹는 우유를 떠올렸답니다.

갓 태어난 아기들은 우유만 먹는데도 건강하게 자라니까
요. 그래서 나는 다시 4가지 영양소를 섞은 먹이를 준 쥐에게
매일 2~3mL씩의 우유를 섞어 주었답니다. 그랬더니 쥐들은
점차 건강을 되찾기 시작했습니다.

이 실험 결과를 보고 어떤 결론을 내릴 수 있을까요?

—우유 속에 쥐가 자라는 데 필요한 영양소가 들어 있다고
할 수 있을 것 같아요.

네. 나는 이 실험 결과를 보고 이제까지 알려진 영양소 이외
에도 동물이 자라는 데는 필요한 영양소가 더 있다는 결론을
내리게 되었답니다. 최초로 비타민의 존재를 예견한 것이지요.

나는 이 연구로 에이크만과 함께 1929년에 노벨 생리 의학
상을 받았습니다. 하지만 음식에서 비타민 성분을 추출해 내
고 비타민이라는 이름을 붙인 것은 내가 아닌 풍크(Casimir

Funk, 1884~1967)라는 과학자였습니다.

풍크는 에이크만이 각기병을 치료하는 방법을 알아낸 후 쌀겨 속에 들어 있는 영양소를 조사했습니다.

풍크 역시 쌀겨 속에 새로운 영양소가 들어 있을 것이라고 생각했기 때문입니다. 현미를 흰쌀로 만드는 과정에서 쌀겨층과 씨눈(배) 부분이 없어지게 됩니다. 흰쌀에 남아 있는 부분은 배젖 부분입

쌀겨 층
호분층
배젖
씨눈(배)

현미의 생김새

니다. 씨눈은 장차 식물이 될 부분이고, 배젖은 식물이 자라는 데 있어 양분을 제공하는 역할을 합니다.

각기병을 예방하는 데 필요한 물질은 주로 씨눈에 많이 들어 있고, 배젖에는 거의 들어 있지 않습니다. 풍크는 바로 이 씨눈 부분에서 각기병을 예방하는 데 필요한 물질을 추출했습니다. 그 성분을 분석한 결과 단백질을 만드는 데 필요한 '아민(amine)'이라는 물질이 들어 있다는 것을 알게 되었습니다. 그는 여기에 라틴 어로 생명을 의미하는 '비타(vita)'라는 단어를 붙였고, 새로 발견한 물질을 '생명 유지에 필수적인 물질'이라는 뜻에서 '비타미네(vitamine)'라는 이름을 생각해 냈습니다.

비타민에 대한 연구가 진행되면서 점점 새로운 종류의 비타민이 발견되었습니다. 그중에는 아민이 들어 있지 않은 것도 있었기 때문에 'vitamine'의 'e'가 떨어져 나가 비타민(vitamin)이 되었습니다. 1913년 매컬럼이라는 화학자가 다양한 비타민에 종류별로 이름을 붙이자고 제안했고, 이에 따라 발견 순서에 맞춰 비타민 A · B · C · D · E 등으로 이름 붙여졌습니다.

곧이어 과학자들의 연구에 의해 비타민 B에도 여러 가지 종류가 있다는 것을 알게 되었고 비타민 B_1, B_2 등 알파벳 뒤에 숫자를 붙여 구분하였습니다. 참고로 풍크가 발견한 각기병을 예방하는 물질은 비타민 B_1입니다.

또, 나중에 발견된 비타민은 역할에 따라 이름 붙여진 경우
도 많은데 비타민 K나 비타민 L 등이 여기에 속합니다. 비타
민 K의 경우 독일어로 '응고'라는 뜻을 나타내는 단어의 첫
글자인 K를 따서 붙여진 것인데, 즉 비타민 K는 혈액이 응고
하는 데 필요하기 때문에 그런 이름이 붙은 것입니다.

순수한 비타민을 분리해 낸 사람은 센트죄르지라는 헝가리
의 과학자입니다. 그는 사과 같은 과일을 깎아 공기 중에 두
면 갈색으로 변하는 현상이 왜 나타나는지에 대한 연구를 하
고 있었습니다.

그는 1928년에 과일이 갈색으로 변하는 현상을 막아 주는
물질을 분리해 내는 데 성공했는데, 그것이 바로 괴혈병을 예
방하는 비타민 C였습니다. 인공적으로 비타민 C를 만들어 낸

것은 1932년이었고, 이를 시작으로 해서 다양한 종류의 비타민이 음식에서 분리되고, 또 인공적으로 합성되어 널리 사용되게 되었습니다.

만화로 본문 읽기

그럼 누가 비타민을 처음 발견한 것인가요?

음식에서 비타민 성분을 추출해 내고 비타민이라는 이름을 붙인 것은 풍크라는 과학자였습니다.

풍크요?

에이크만의 연구 후 풍크는 쌀겨 속에 새로운 영양소가 들어 있을 것이라고 생각했답니다.

각기병을 예방하는 데 필요한 물질은 주로 씨눈에 많이 들어 있는데, 풍크는 바로 이 씨눈 부분에서 각기병을 예방하는 데 필요한 물질을 추출했습니다.

바로 이 부분이죠!

쌀겨층

눈분층

배젖

배 (씨눈)

현미의 생김새

성분을 분석한 결과 단백질을 만드는 데 필요한 '아민'이라는 물질이었는데 여기에 라틴어로 생명을 의미하는 '비타'를 붙여 생명 유지에 필수적인 물질이라는 뜻에서 '비타민네'라고 했습니다.

지금의 비타민과 다른 이름이네요.

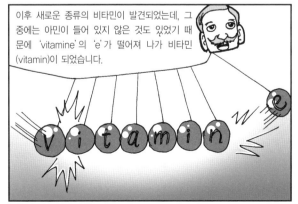

이후 새로운 종류의 비타민이 발견되었는데, 그 중에는 아민이 들어 있지 않은 것도 있었기 때문에 'vitamine'의 'e'가 떨어져 나가 비타민(vitamin)이 되었습니다.

vitamin e

1913년에 매캘럼이라는 과학자가 다양한 비타민에 종류별로 이름을 붙이자고 제안하여 발견 순서에 따라 이름이 붙여졌습니다.

그렇군요.

5

비타민에는
어떤 종류가 있나요?

지금까지 밝혀진 비타민의 종류와
비타민이 많이 들어 있는 음식에는 어떤 것이 있는지 알아봅시다.

5

홉킨스가 오늘 배울
내용을 이야기하며
다섯 번째 수업을 시작했다.

이번 시간에는 비타민의 종류에는 어떤 것이 있으며 각각
의 특징은 무엇인지 알아봅시다. 지난 시간에 괴혈병을 예방
하는 성분은 비타민 C이고, 각기병을 예방하는 물질은 비타
민 B_1이라고 했던 것을 기억하고 있지요?

비타민 B_1과 비타민 C가 발견된 이후 많은 과학자들이 비타
민 연구에 뛰어들어 여러 식품 속에서 비타민을 분리해 냈습
니다. 현재 비타민이라고 부르고 있는 것은 모두 13가지인데,
지난 시간에 이야기했던 대로 알파벳과 숫자를 붙여 이름을
나타냈습니다.

그런데 비타민에는 알파벳으로 된 이름 이외에도 다른 이름이 있습니다. 이는 비타민의 화학 구조가 밝혀지면서 거기에 맞는 화학명을 붙였기 때문입니다. 아래의 표는 각 비타민의 이름과 비타민을 발견해 낸 연도입니다.

비타민의 종류

성질	비타민 이름	화학명	발견 연도
지용성	비타민 A	레티놀	1915
	비타민 D	칼시페롤	1919
	비타민 E	토코페롤	1922
	비타민 K	필로퀴논	1935
수용성	비타민 B_1	티아민	1911
	비타민 B_2	리보플라빈	1933
	비타민 B_3	나이아신	1937
	비타민 B_5	판토텐산	1933
	비타민 B_6	피리독신	1934
	비타민 B_9	폴산	1941
	비타민 B_{12}	시아노코발라민	1948
	비타민 B 복합체(비타민 H)	바이오틴	1936
	비타민 C	아스코르브산	1928

여러 가지 비타민 중에는 비타민 이름이 더 익숙한 것도 있고, 화학명이 더 익숙한 것도 있을 것입니다. 비타민 B에 속하는 종류가 특히 많은데, 이를 통틀어 비타민 B 복합체라고 부릅니다. 이는 비타민 B 복합체에 속하는 비타민들이 쌀

겨, 효모, 동물의 간 등에 많이 들어 있었기 때문에 한 무리로 본 것입니다. 특이하게도 바이오틴이라는 비타민의 경우에는 비타민 B 복합체에 속하면서도 비타민 H라고 불리기도 합니다.

＿선생님, 표에서 비타민을 수용성과 지용성으로 나눈 것은 무엇 때문인가요?

안 그래도 설명하려고 했는데 잘 물어봤네요. 비타민들의 종류가 다양하지만 특징을 자세히 살펴보니 기름에 잘 녹는 종류와 물에 잘 녹는 종류로 나뉘는 것을 알 수 있었습니다. 그래서 기름에 잘 녹는 성질을 갖는 비타민을 지용성 비타민, 물에 잘 녹는 성질을 가진 비타민을 수용성 비타민이라고 나누게 되었지요.

지용성 비타민은 수용성 비타민보다 열에 강해서 음식을 만들 때 덜 손실되지만, 수용성 비타민은 열에 약해 음식을 만드는 동안 많이 손실된답니다. 또, 지용성 비타민은 지방이 들어 있는 음식과 같이 먹을 때 우리 몸에 더 잘 흡수됩니다. 그리고 비타민이 수용성인지 지용성인지에 따라 소화·흡수되는 장소도 다릅니다.

비타민은 음식 속에 들어 있는데 음식을 먹게 되면 음식 속의 영양소는 소화 효소에 의해 분해됩니다. 소화관을 따라

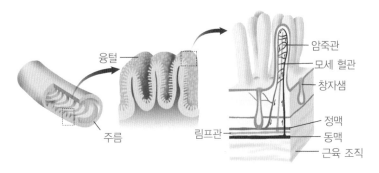

작은창자의 구조

내려온 비타민은 작은창자의 융털 안으로 흡수됩니다. 작은 창자는 구불구불한 관 모양으로 생겼는데, 안쪽에는 많은 주름이 있고 주름 표면에는 수백만 개의 작은 융털이 있어 영양분이 흡수되는 면적을 넓혀 줍니다.

작은창자의 융털을 모두 펼쳤을 경우 테니스장만 한 크기라고 하니 정말 놀랍지요? 작은창자로 들어온 이후 수용성 비타민과 지용성 비타민이 흡수되는 길은 달라집니다. 융털 안에는 길쭉한 암죽관과 암죽관 주변을 둘러싸고 있는 모세 혈관이 있습니다. 수용성 비타민은 융털의 모세 혈관 속으로 흡수되고, 지용성 비타민은 암죽관으로 흡수된 후 우리 몸 안에서 여러 가지 일을 합니다.

그럼, 지금까지 나온 비타민에 대해 조금 더 자세히 알아볼까요?

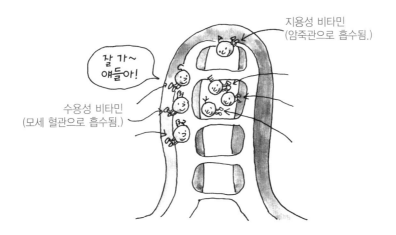

지용성 비타민
(암죽관으로 흡수됨.)

잘 가~
얘들아!

수용성 비타민
(모세 혈관으로 흡수됨.)

작은창자로 들어온 수용성 비타민과 지용성 비타민은 흡수되는 길이 다르다.

비타민 A(레티놀)

이 비타민은 산성, 산소, 빛에 의해서 쉽게 분해됩니다. 산소가 없는 상태에서는 열에 강하기 때문에 120℃까지 가열해도 분해되지 않습니다. 또, 염기성 상태일 때도 비교적 안전합니다. 비타민 A의 전 단계 물질인 프로비타민 A(베타카로틴)는 먹었을 때 작은창자 속에서 비타민 A로 바뀝니다. 대신 베타카로틴 상태로 먹을 때에는 비타민 A를 먹을 때보다 3배 더먹어야 필요한 양을 얻을 수 있습니다.

비타민 D(칼시페롤)

이 비타민은 공기에 약합니다. 비타민 D는 음식 속에 들어 있기도 하지만, 사람의 몸에서 만들어지기도 합니다. 비타민 A와 마찬가지로 비타민 D의 전 단계 물질인 프로비타민 D가 있는데, 피부 쪽에 많이 들어 있어 자외선을 쪼이면 프로비타민 D가 비타민 D로 변합니다.

자외선을 많이 쪼이면 몸에 좋지 않다고 하는데, 비타민 D를 만들어 내는 데는 도움을 준답니다. 사람뿐만 아니라 식물이나 동물도 자외선을 쪼이면 비타민 D가 만들어집니다.

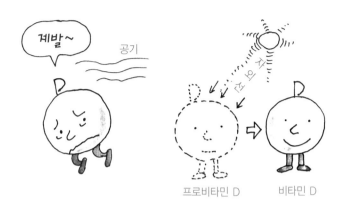

프로비타민 D   비타민 D

비타민 E(토코페롤)

비타민 E는 햇빛과 공기에 약합니다.

비타민 K(필로퀴논)

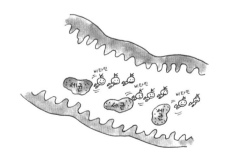

이 비타민은 열이나 공기, 물에는 비교적 안정하지만 산성, 염기성, 햇빛에는 약합니다. 열에 강하기 때문에 음식을 만들 때에도 잘 파괴되지 않습니다. 녹황색 채소에 많이 들어 있는데, 사람의 경우 창자 속에 살고 있는 세균에 의해서 만들어지므로 우리 몸에 비타민 K가 부족할 일은 거의 없습니다.

비타민 B_1(티아민)

이 비타민은 여러 비타민 중에서 최초로 발견된 것으로 순수하게 분리한 비타민 B_1은 연한 노란색을 띱니다. 산성과 열에 강해 120℃에서 30분간 가열해도 파괴되지 않습니다. 동

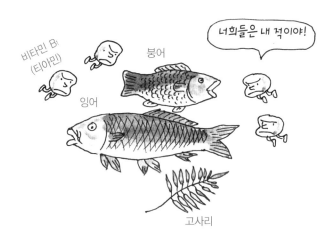

식물에도 많이 들어 있는데 잉어, 붕어, 고사리 등에는 비타민 B_1을 분해하는 효소가 들어 있어, 이런 재료로 만든 음식을 먹었을 경우 몸속에 들어 있는 티아민이 분해되어 버리므로 조심해야 합니다.

비타민 B_2(리보플라빈)

순수한 비타민 B_2는 황록색 형광을 띠는 오렌지색입니다. 산성이나 열에는 강하지만, 염기성에는 매우 약합니다. 건조한 상태일 때는 햇빛의 영향을 받지 않지만, 물에 녹으면 자외선과 적외선에 약해 곧 파괴됩니다.

모든 식물이나 대부분의 미생물은 몸에서 비타민 B_2를 합성할 수 있지만, 고등 동물은 스스로 만들지 못하기 때문에 음식을 통해 섭취해야 합니다.

비타민 B_3(나이아신)

비타민 B_3는 다른 말로 니코틴산이라고 불립니다. 산성, 염기성, 열, 햇빛에 강합니다. 식물 및 대부분의 동물들은 스스로 만들 수 있습니다.

비타민 B₅(판토텐산)

이 비타민은 열에 강해 음식을 만드는 도중 쉽게 파괴되지 않습니다. 대부분의 생물은 비타민 B_5를 스스로 만들 수 있지만 개, 쥐, 닭, 돼지, 원숭이, 여우 등은 스스로 만들지 못합니다. 사람의 경우 비타민 B_5가 부족할 일은 거의 없습니다.

비타민 B$_6$(피리독신)

이 비타민은 열에는 강하지만 자외선을 쪼이면 쉽게 파괴되며, 산성에는 강하나 염기성에는 약합니다. 사람의 경우 비타민 B$_6$가 부족할 일은 거의 없습니다.

비타민 B$_9$(폴산)

B$_9$는 식물의 잎에서 추출되었기 때문에 잎이라는 한자어 엽(葉)을 써서 엽산이라고도 합니다. 이전에는 비타민 M, 비타민 B 등으로 불리기도 했습니다. 물에 약간 녹으며 산성과 햇빛에 약하고, 오래 보관하거나 음식을 만드는 과정에서 쉽게 파괴됩니다. 장 속에 살고 있는 세균에 의해 몸속에서 만들어집니다.

비타민 B$_{12}$(시아노코발라민)

순수한 비타민 B$_{12}$는 짙은 빨간색을 띱니다. 물에 약간 녹

고 햇빛에는 약하지만, 열, 산성, 염기성에는 강해서 음식을
만드는 과정에서 파괴되는 일은 없습니다.

비타민 B 복합체 혹은 비타민 H(바이오틴)

열과 햇빛에 강하며, 산성이나 염기성 용액에서 쉽게 파괴
됩니다. 사람의 경우 바이오틴의 대부분은 창자 속 세균에
의해 만들어지기 때문에 부족할 일이 거의 없습니다.

비타민 C(아스코르브산)

순수한 비타민 C는 흰색을 띱니다. 건조한 상태일 때나 산
성 용액에 들어 있을 때에는 안정하지만, 가열하거나 빛을 쪼
이면 쉽게 파괴됩니다. 수용성 비타민 중에서는 가장 불안정
합니다. 대부분의 생물들이 비타민 C를 스스로 만들 수 있는
데 비해 영장류, 기니피그, 물고기 등은 스스로 만들 수 없어
음식으로 섭취해야 합니다.

홉킨스의 설명을 들은 학생들은 비타민마다 특징이 아주 다양하다는 것에 놀라는 눈치였다.

__ 선생님, 비타민의 종류가 다양한 것을 보니까 각각의 비타민이 들어 있는 식품도 많이 다를 것 같아요.

네, 맞아요. 식품의 종류에 따라 들어 있는 비타민의 양이 다릅니다. 물론 한 가지 식품 속에 많은 비타민들이 들어 있는 경우도 있습니다. 우유, 효모, 간 등의 식품이 여기에 해당하지요. 각각의 비타민들이 많이 들어 있는 식품은 아래

비타민이 많이 들어 있는 식품

비타민	많이 들어 있는 식품
비타민 A(레티놀)	과일, 채소, 간, 유제품
비타민 D(칼시페롤)	생선 기름
비타민 E(토코페롤)	고기, 유제품
비타민 K(필로퀴논)	간
비타민 B_1(티아민)	간, 콩, 곡류, 효모
비타민 B_2(리보플라빈)	유제품, 계란, 녹색 야채
비타민 B_3(나이아신)	고기, 닭, 간, 효모
비타민 B_5(판토텐산)	간, 계란, 효모
비타민 B_6(피리독신)	간, 곡류, 유제품
비타민 B_9(폴산)	채소, 계란, 간, 곡류, 효모
비타민 B_{12}(시아노코발라민)	간, 고기, 유제품, 계란, 굴
비타민 B 복합체 혹은 비타민 H(바이오틴)	간, 효모
비타민 C(아스코르브산)	귤, 토마토, 감자

표에 잘 나와 있습니다.

하지만 비타민을 많이 포함하고 있는 식품이라고 해도 먹는 방법에 따라 우리 몸에 흡수되는 정도는 다릅니다. 아까 각각의 비타민의 특징에 대해 배웠듯이 어떻게 요리를 하느냐에 따라 비타민이 온전하게 보존되기도 하고, 다 파괴되어 조금도 흡수되지 못할 경우도 있기 때문입니다.

예를 들어 비타민 C는 열에 약합니다. 귤이나 토마토를 날 것으로 먹을 경우에는 충분한 양의 비타민 C를 얻을 수 있지만, 끓여서 먹는다면 얻을 수 있는 비타민 C의 양은 매우 적을 것입니다.

또, 비타민 A가 많이 들어 있는 식품 중에는 당근이 있는데, 당근은 날로 먹기보다는 기름에 볶아 먹는 것이 비타민 A

를 훨씬 많이 흡수할 수 있습니다. 물론 당근에는 비타민 C도 많이 들어 있기 때문에 볶을 경우에는 비타민 C가 많이 파괴되기도 합니다.

이와 같이 각 비타민의 특징에 따라 요리하는 방법을 달리해서 먹어야 충분한 양의 비타민을 얻을 수 있고, 같은 종류의 비타민이 들어 있는 식품이라도 더 많이 들어 있는 것을 먹는 것이 건강을 유지하는 데 도움이 됩니다.

무엇을 그렇게 쓰고 있나요?

아, 선생님! 비타민의 종류에 대해서 연구하고 있어요.

비타민이 총 13종이 있다는 것을 알았어요.

조사를 많이 했군요.

그런데 비타민에 지용성하고 수용성이 있던데, 어떻게 다른가요?

기름에 잘 녹는 성질을 가진 비타민을 지용성 비타민, 물에 잘 녹는 성질을 가진 비타민을 수용성 비타민이라고 합니다.

그럼 두 가지는 어떻게 다른가요?

지용성 비타민은 열에 강해 음식을 만들 때 덜 손실되고 지방이 들어 있는 음식과 함께 먹으면 더 잘 흡수됩니다.

난 열이 좋아.

지용성 비타민

수용성 비타민은 열에 약하고 음식을 만들 때 손실이 많이 됩니다. 또한 지용성이냐 수용성이냐에 따라 소화와 흡수가 되는 장소도 다릅니다.

식품에 따라 들어 있는 비타민도 다른가요?

난 열이 싫어.

수용성 비타민

네. 물론 한 가지 식품에 많은 비타민들이 들어 있는 경우도 있는데 우유, 효모, 간 등이 여기에 해당해요.

우유는 좋아도 간은 싫어요.

간? 으웩~

6

비타민이 하는 일은
무엇인가요?

다양한 종류의 비타민이 하는 일과 비타민이 부족할 경우
우리 몸에 어떤 이상이 생기는지 알아봅시다.

6

비타민이 하는 일은
무엇인가요?

교. 고등 생물Ⅰ   2. 영양소와 소화
과.
연.
계.

홉킨스가 비타민이 하는 일에 관해 여섯 번째 수업을 시작했다.

첫 번째 수업 시간에 비타민은 아주 적은 양으로 우리 몸의 여러 가지 기능을 조절하는 역할을 한다고 했던 것을 기억하나요? 비타민의 종류가 다양하므로 각 비타민마다 맡은 일도 모두 다르겠지요?

또, 한 가지 더 생각해야 할 것은 괴혈병과 각기병 연구에서도 보았듯이 섭취하는 비타민의 양이 부족하면 병에 걸린다는 점입니다. 비타민들이 하는 일이 각각 정해져 있으니 특정 비타민이 모자랄 경우 그 비타민이 담당하는 일을 제대로 할 수 없을 것이고, 그것이 질병으로 나타나게 되는 것이지요.

그런데 비타민은 아주 적은 양이 필요하다고 했는데 얼마나 필요한 것일까요? 그리고 비타민의 종류에 따라 매일 먹어야 하는 양이 같을까요, 다를까요? 비타민을 얼마나 먹어야 하는지 결정하는 기준은 비타민 결핍증을 막는 데 필요한 최소한의 양과 우리 몸의 기능을 유지하는 데 필요한 최소한의 양으로 결정되며, 여기에 약간의 여유분을 더 추가한 것이 비타민의 권장량이 됩니다.

따라서 비타민 권장량보다 조금 덜 먹었다고 해서 바로 병이 나는 것은 아니랍니다. 하지만 각기병과 괴혈병의 예와 같이 오랫동안 비타민을 섭취하지 못하면 병에 걸립니다.

비타민의 종류에 따라 권장량은 다릅니다. 그리고 비타민의 필요량은 남자인지 여자인지, 어른인지 아이인지, 임산부인지 아닌지에 따라 달라집니다. 예를 들어, 비타민 A의 1일 권장량은 어린이 900μg, 성인 남자 600μg, 성인 여자 700μg, 임산부 800μg이고, 비타민 C의 경우 어린이 40mg, 성인 남자와 성인 여자 70mg, 임산부 85mg입니다.

일반적으로 비타민 권장량의 단위는 mg과 μg를 사용합니다. 1mg은 $\frac{1}{1,000}$g이고, 1μg은 $\frac{1}{1,000}$mg이니 비타민은 굉장히 적은 양만을 섭취해도 되는 셈이지요.

그렇다면 비타민이 우리 몸에서 어떤 일을 하며, 우리 몸에 부족할 때 어떤 병이 생기게 될까요? 비타민의 종류별로 살펴봅시다.

비타민 A(레티놀)

비타민 A는 눈의 각막, 피부, 입 안, 위, 장, 허파, 기관지 등의 기관을 둘러싸고 있는 점막을 튼튼하게 유지시켜 주는 일을 합니다. 따라서 비타민 A가 부족하면 피부가 거칠어지거나 입술이 갈라지고, 위나 장이 손상되어 설사를 자주 합니다. 또, 허파나 기관지에 세균이 들어오기 쉬워 감기에 자주 걸리게 됩니다.

공기 중에는 눈에 보이지 않는 먼지와 세균이 많이 들어 있습니다. 우리가 코나 입을 통해 숨을 들이쉴 때 코 안과 입 안에 끈적끈적한 점막층이 있어 먼지와 세균을 붙잡아 줍니다.

또, 기관지 안에는 섬모라고 하는 아주 작은 털들이 나 있어 코와 입에서 미처 걸러지지 못한 먼지와 세균을 또 한 번 거르게 됩니다. 이렇게 걸러진 먼지와 세균은 가래로 나오게 됩니다. 그런데 비타민 A가 부족하면 이 점막이 마르기 때문에 먼지와 세균을 붙잡지 못해 기관지나 허파에 들어가게 되

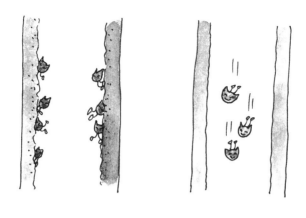

| 정상적인 점막 | 비정상적인 점막 |

어 병이 나는 것입니다.

그런데 점막이 상하는 것은 세균에 의해 걸리는 병 이외에도 암의 발생과도 관련이 깊습니다. 왜냐하면 약해진 점막 부분에 암이 생기기 쉽기 때문입니다. 암은 굉장히 사망률이 높은 질병으로, 완치하기 어려운 병 중 하나입니다. 암은 왜 생기는 것일까요? 암을 일으키는 원인이 무엇인지는 아직 명확하게 밝혀지지 않았답니다. 다만 화학 물질, 방사선, 자외선 등의 물질과 유전적인 원인, 바이러스, 스트레스 등이 암을 일으키는 원인으로 추측됩니다.

암의 정체를 간단히 설명하자면 비정상적인 세포 덩어리입니다. 우리 몸을 이루는 세포는 어느 정도 자라면 분열을 합

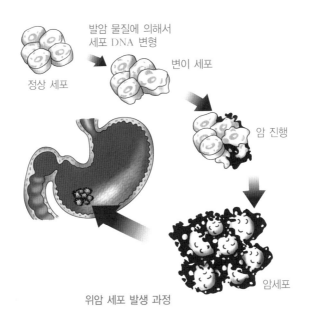

발암 물질에 의해서
세포 DNA 변형

정상 세포

변이 세포

암 진행

암세포

위암 세포 발생 과정

니다. 각각의 세포는 산소와 영양분을 필요로 하고, 세포에서 만들어진 노폐물과 이산화탄소를 내보냅니다. 그런데 세포의 크기가 한없이 커지면 세포의 물질 교환이 어려워집니다.

따라서 세포는 분열을 해서 물질 교환의 효율성을 높이는 것이지요. 때문에 세포에서는 언제 분열을 해야 하는지 결정하는 과정이 무척 중요합니다.

그런데 암을 일으키는 원인 물질에 의해 정상 세포에 돌연변이가 일어나면 비정상적인 세포가 되는데, 이 비정상 세포는 계속해서 분열하는 성질을 가지고 있습니다. 더구나 혈관을 타고 몸의 다른 곳으로 이동해 새로운 암세포를 퍼뜨리는 것이지요.

예를 들어, 간세포에 암세포가 생기면 이 암세포는 순식간에 늘어나 정상 간세포보다 훨씬 많아지게 되고, 제 기능을 하지 못하게 해 간암에 걸리게 됩니다. 간에 생긴 암세포는 혈관을 따라 허파, 이자, 위 등 다른 기관에도 퍼져 암을 발생시킵니다. 비타민 A는 이렇게 무서운 암을 예방하는 역할을 합니다.

비타민 A는 눈의 건강과도 관련이 깊습니다. 비타민 A가 부족하면 눈의 점막이 건조해져서 눈이 빡빡해집니다. 또, 비타민 A가 부족하면 야맹증에 걸립니다. 야맹증이란 밤에 눈이 잘 보이지 않는 병입니다.

여러분은 극장에서 영화를 보는 것을 좋아하나요? 늑장을 부리다 영화 시작 시간보다 늦게 극장에 들어가서 자기 자리를 찾을 때 처음에는 극장 안이 잘 보이지 않다가, 어느 정도 시간이 지나서야 주변의 사물이 보이는 경험을 한 적이 있을 것입니다. 이처럼 어두운 장소에 익숙해지는 것은 눈의 망막에 빛의 명암을 감지하는 로돕신이라는 물질이 들어 있기 때문입니다. 이 로돕신의 성분이 비타민 A이기 때문에 부족할 경우 어두운 곳에서 잘 안 보이게 되는 것이죠.

그렇다면 비타민 A를 꼭 필요로 하는 사람은 누구일까요? 피부가 거친 사람, 감기에 잘 걸리는 사람, 암을 예방하고 싶은 사람, 어두운 곳에서 잘 보이지 않는 사람들이랍니다.

비타민 D(칼시페롤)

비타민 D는 피부에 닿는 자외선을 통해 만들어지기 때문에 어느 정도 햇빛을 받고 사는 사람들에게는 부족하지 않습니다. 특히 열대 지방에 사는 사람들은 결핍증이 없습니다. 하지만 추위 때문에 두꺼운 옷으로 온몸을 가리고 사는 지역의 사람들이나 오랜 기간 동안 햇빛이 없는 곳에서 사는 사람들의 경우에는 반드시 음식으로 먹어야 합니다.

비타민 D는 뼈를 튼튼하게 만드는 데 필요합니다. 뼈의 재료가 되는 것은 무기질인 칼슘과 인이지만, 비타민 D가 없으면 튼튼한 뼈가 되지 못합니다. 이는 비타민 D가 우리 몸이 칼슘과 인을 잘 흡수할 수 있도록 해서 뼈를 튼튼하게 만드는 역할을 하기 때문입니다.

따라서 비타민 D가 부족할 경우 어린이는 뼈가 무르게 되는데 특히 척추 부분이 굽어져 곱사등이가 되는 구루병에 걸리고, 어른의 경우에는 뼛속의 칼슘이 빠져나가 뼈에 구멍이 숭숭 뚫리는 뼈엉성증(골다공증)에 걸립니다. 뼈엉성증에 걸리면 척추, 손목뼈, 발목뼈 등이 쉽게 부러집니다. 또한 이를 지탱하고 있는 아래턱뼈도 약해지고 이도 흔들립니다.

그렇다면 비타민 D를 꼭 필요로 하는 사람은 누구일까요? 나이가 많은 사람, 이와 뼈가 약한 사람, 뼈엉성증을 예방하고 싶은 사람, 어린이, 임산부와 모유를 먹이는 여성 등입니다. 임산부와 모유를 먹이는 여성의 경우에는 몸속에서 칼슘을 많이 사용하기 때문에 비타민 D를 충분히 먹어야 한답니다.

비타민 E(토코페롤)

비타민 E는 우리 몸에서 항산화 작용을 담당합니다. 항산화 작용이라는 말이 어렵게 느껴지나요? 알고 보면 어려운 말은 아니랍니다. 산화라는 말은 들어 본 적 있지요? 철로 된 물건을 오랫동안 공기 중에 놔두면 붉은 녹이 스는 것을 본 적이 있을 것입니다. 그러한 현상을 산화라고 하지요. 산화는 왜 일어날까요?

＿＿철이 공기 중의 산소와 만나 산화철이라는 물질이 되었기 때문입니다.

　네, 맞아요. 그런데 이런 산화 작용이 우리 몸에서도 일어난답니다. 사람의 몸도 철과 같이 녹이 스는 것이지요. 어떻게 그런 일이 생기냐고요? 우리 몸속에 생기는 나쁜 산소(활성 산소) 때문에 이런 일이 일어난답니다. 산소는 우리가 숨을 쉬기 위해 필요한 기체인데, 나쁜 산소는 좋은 산소랑 뭐가 다를까요?

　우리가 활동하기 위해서는 에너지가 필요합니다. 이 에너지는 우리가 먹은 음식이 소화되면서 만들어지는데, 음식을 에너지로 바꾸는 과정에서 나쁜 산소가 생겨난답니다. 얼마나 많이 생기는가 하면 매초당 수만 개의 나쁜 산소가 생기고 있어요. 이렇게 생기는 것 말고도 나쁜 산소는 매연, 담배 연기, 방사선, 스트레스가 많은 상황에서도 생깁니다.

　이 나쁜 산소는 마치 학교에서 착한 학생들을 괴롭히는 불량 학생 같답니다. 불량 학생들은 용돈을 가지고 다니지 않지요? 항상 다른 친구들 돈을 뺏어 쓰니까 돈을 가지고 다닐 필요가 없습니다. 불량 학생들은 다른 학생들에게 돈을 뺏는 과정에서 심하게 때리기도 해 학생들이 병원에 입원하기도 합니다. 경찰관이 불량 학생들을 잡지 않는다면 학교에 다니

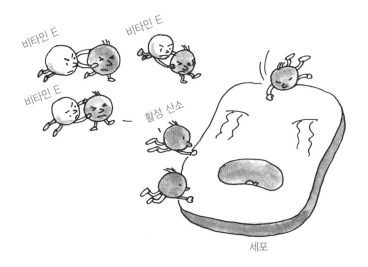

세포

는 다른 학생들이 피해를 입게 되지요.

나쁜 산소는 불량 학생과 마찬가지로 우리 몸의 세포를 공격합니다. 특히 세포를 둘러싼 세포막과 핵 속에 들어 있는 DNA를 공격하지요. 세포 안의 DNA는 하루에 1만 번 정도 나쁜 산소와 부딪친다고 해요. 세포막과 DNA가 자꾸 공격을 당하게 되면 세포가 약해지고, 늙어 버리거나 DNA에 돌연변이를 일으켜 암과 같은 질병을 유발시키는 등 서서히 사람의 몸을 못쓰게 만든답니다.

이런 일을 막아 주는 것을 항산화 작용이라고 합니다. 경찰이 불량 학생을 잡는 것처럼 비타민 E가 나쁜 산소로부터 우리 몸을 보호하는 역할을 합니다.

그러니 비타민 E가 부족하면 우리 몸은 어떻게 될까요? 암 같은 병에 걸리거나 빨리 늙게 된답니다.

비타민 K(필로퀴논)

비타민 K는 상처가 났을 때 빨리 피를 멈추게 하고, 뼈에서 칼슘이 빠져나가는 것을 막아 줍니다. 혈액의 구성 성분에는 적혈구, 백혈구, 혈장, 혈소판이 있습니다. 적혈구는 산소를 운반하는 일을 하고, 백혈구는 우리 몸에 침입한 세균을 잡아먹는 일을 하고, 혈장은 우리 몸의 pH, 체온 등을 조절하는 역할을 합니다.

혈소판은 피가 굳게 하는 물질을 가지고 있는데 평소에는 잘 싸여 있다가(만일 몸 안에서 혈소판이 터져 버리면 몸속의 피가 굳어 버리겠죠?), 상처가 생기면 근처에 있던 혈소판이 터져 피를 굳게 하는 물질을 내보냅니다. 비타민 K는 바로 이 물질을 만드는 데 필요합니다. 따라서 비타민 K가 부족하면 피가 잘 굳지 않는 병에 걸리는 것이지요.

또, 비타민 K는 뼈에서 칼슘이 나가는 것을 막으므로 비타민 D와 마찬가지로 뼈엉성증을 예방하거나 치료하는 데 사

용됩니다. 비타민 K가 꼭 필요한 사람은 누구일까요? 지난 시간에 비타민 K는 녹황색 채소에 많이 들어 있지만, 장 속에 살고 있는 세균에 의해 만들어지기 때문에 부족하지 않다고 했었죠? 하지만 항생제를 계속 먹는 사람은 비타민 K를 꼭 먹어야 한답니다. 왜 그럴까요?

항생제 성분이 장 속에 살고 있는 이로운 세균까지 죽여 버리기 때문이지요. 또, 갓 태어난 아기는 아직 장 속에 세균이 많이 살지 않아요. 그래서 비타민 K를 만들 수 없답니다. 따라서 갓 태어난 아이에게 비타민 K가 부족하게 되면 계속 피가 멈추지 않는 병에 걸릴 수 있으니 주의해야 합니다.

비타민 B₁(티아민)

에이크만의 연구에서 보았던 것처럼 비타민 B_1이 부족하면 각기병에 걸립니다. 비타민 B_1은 탄수화물이 분해되어 에너지로 바뀔 때 필요한 효소를 도와주는 보조 효소의 역할을 합니다. 그렇기 때문에 비타민 B_1이 부족하면 탄수화물이 분해되지 않으므로 쉽게 피로함을 느낍니다. 따라서 탄수화물 위주로 식사를 하는 우리나라 사람들에게는 많이 필요한 영양소입니다. 특히 흰쌀은 비타민 B_1이 들어 있는 씨눈 부분이 떨어져 나갔기 때문에 현미나 잡곡을 섞은 밥을 먹는 것이 좋습니다.

비타민 B₂(리보플라빈)

이 비타민은 사람이 자라는 데 있어 꼭 필요한 비타민으로, 세포를 재생시키는 역할을 합니다. 특히 피부, 머리카락, 손톱 등 빨리 자라는 부위를 만드는 데 필요합니다. 또, 지방을 에너지로 바꾸는 과정에 필요합니다. 따라서 비타민 B_2가 부족하면 제일 먼저 입술, 혀, 눈에 이상이 생기는데, 입술이나

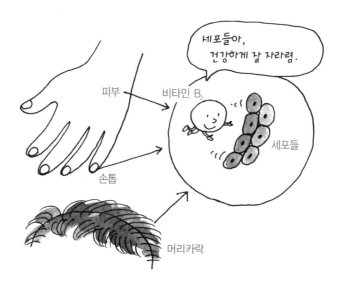

혀가 헐거나 눈이 빨갛게 충혈됩니다.

또, 피부가 거칠어지거나 머리카락에 이상이 생기기도 합니다. 또한 지방을 에너지로 바꾸는 데 필요하기 때문에 지방 성분을 많이 먹는 사람들의 경우에는 많이 먹어 줘야 합니다. 특히 비타민 B$_2$는 몸에서 만들어지지 않고, 저장되어 있지도 않으므로 충분히 먹어야 합니다.

비타민 B₃(나이아신)

비타민 B_3은 탄수화물, 지방, 단백질을 분해하는 과정에 꼭 필요한 비타민입니다. 이것이 부족하면 피부에 붉은 점이 생기는 피부병인 펠라그라에 걸립니다. 펠라그라는 오래전부터 알려진 병으로, 풍크는 비타민에 관한 연구 결과를 발표하면서 비타민이 부족하면 각기병, 괴혈병, 펠라그라, 구루병에 걸린다는 것을 발표하기도 했습니다. 풍크는 정확하게 어떤 비타민이 부족할 때 각각의 병에 걸리는지는 알아내지 못했지만, 어쨌든 비타민이 부족할 때 생기는 병이라는 것을 밝혀낸 것입니다.

또한 나이아신은 술에 취하는 것을 막아 줍니다. 술의 알코올은 몸속에 들어가면 아세트알데히드라는 물질로 변합니다. 이것이 술을 마셨을 때 머리가 아프고 속이 안 좋은 원인이 되는 것입니다. 나이아신은 아세트알데히드를 분해함으로써 술에 취하는 것을 막아 줍니다.

비타민 B₅(판토텐산)

판토텐산이라는 이름은 그리스 어로 '어디에나 존재한다'라는 뜻을 가지고 있습니다. 이름처럼 다양한 식품에 들어 있는데, 하는 역할도 다양해 스트레스에 대한 몸의 저항력을 높여 주고, 몸에 좋은 콜레스테롤을 많이 만들어 줍니다.

비타민 B₅

판토텐산

콜레스테롤에는 2종류가 있는데, 해로운 콜레스테롤은 혈관 벽에 붙어 혈관을 굳게 하고, 혈관 벽을 막아 피가 잘 흐르지 못하게 하지만, 좋은 콜레스테롤은 심장이나 혈관을 오히려 튼튼하게 만들어 줍니다.

비타민 B_6(피리독신)

비타민 B_6는 단백질을 분해하는 과정을 도와줍니다. 따라서 고기를 많이 먹는 사람은 비타민 B_6를 많이 먹어야 합니다. 또, 지방을 분해하는 과정도 도와 간에 지방이 쌓이지 않게 합니다. 뇌를 발달시키는 데 중요한 역할을 하기 때문에 갓난아이에게도 꼭 필요한 비타민입니다.

비타민 K와 마찬가지로 장에 살고 있는 세균에 의해 생기므로 결핍증은 잘 나타나지 않지만, 항생제를 오랫동안 먹는 사람은 음식으로 섭취해야 합니다.

비타민 B_9(폴산)

비타민 B_9은 비타민 B_9와 함께 피를 만드는 데 도움을 줍니다. 또, 새로운 세포를 만들어 내는 데 꼭 필요한 물질이기 때문에 충분한 양이 필요합니다. 예를 들어, 장 안쪽의 점막은 수명이 짧기 때문에 빨리빨리 만들어져야 합니다. 그런데 폴산이 부족할 경우 새 세포를 신속히 만들어 내지 못하므로, 이 부분에 염증이 생기기 쉽습니다.

장

조금만 기다려.

빨리
구멍 좀
막아 줘.

폴산

또한 여성이 임신했을 경우에도 충분하게 먹어 줘야 하는
데, 폴산이 태아의 뇌 신경을 만들고 잘 자라게 하는 데 필요
하기 때문입니다.

비타민 B₁₂(시아노코발라민)

빈혈을 연구하던 도중에 발견된 비타민으로, 폴산을 도와
적혈구를 만듭니다. 비타민 B_{12}가 부족하면 적혈구가 부족하
게 되어 평소보다 커다란 적혈구가 생기게 됩니다. 그런데
이 적혈구는 정상이 아니므로 제 역할을 하지 못해 빈혈이 생
깁니다.

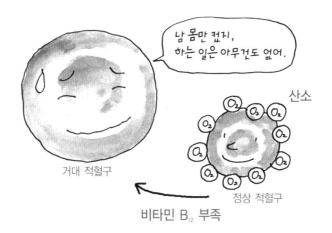

남 몸만 컸지,
하는 일은 아무것도 없어.

거대 적혈구

산소

정상 적혈구

비타민 B$_{12}$ 부족

적혈구는 산소를 운반하는 역할을 하므로, 빈혈에 걸리면 온몸에 산소가 잘 공급되지 않아 몸이 나른하고 현기증이 나며, 가슴이 두근거리고 숨이 차는 증상이 나타나게 됩니다.

비타민 B$_{12}$는 동물성 식품에만 들어 있기 때문에 야채만 먹는 채식주의자들이 결핍증에 걸리기 쉽습니다. 따라서 비타민 B$_{12}$를 꼭 먹어야 하는 사람은 빈혈이 있는 사람, 야채 위주로 식사하는 사람 등입니다.

비타민 B 복합체 혹은 비타민 H(바이오틴)

바이오틴은 피부염을 치료하는 방법을 연구하던 과정에서

발견된 것으로 단백질, 탄수화물, 지방을 분해하여 에너지를 만드는 데 도움을 줍니다. 머리카락과 피부를 튼튼하게 해 주는 비타민이기 때문에 바이오틴이 부족하면 머리가 빠지거나 흰머리로 변하게 됩니다. 바이오틴은 음식에도 들어 있지만, 장에 살고 있는 세균에 의해서도 만들어지기 때문에 부족할 일은 거의 없습니다.

비타민 C(아스코르브산)

비타민 C는 괴혈병을 예방하는 연구를 하다가 발견된 비타민으로, 아스코르브산이라는 이름 안에 '괴혈병을 막는'이라는 뜻을 가지고 있습니다. 비타민 C가 부족하면 괴혈병에 걸리는데, 그 증상은 잇몸이나 피부 밑에서 피가 나는 것입니다.

이런 현상이 나타나는 것은 콜라겐이 부족하기 때문입니다. 콜라겐이란 우리 몸을 이루고 있는 단백질의 한 종류입니다. 우리 몸에 포함된 단백질의 $\frac{1}{3}$이 콜라겐인데, 콜라겐은 우리 몸에서 접착제와 같은 역할을 합니다. 즉, 세포와 세포를 연결시켜 조직이나 혈관, 근육, 뼈 등을 만들어 줍니다.

그런데 비타민 C는 콜라겐이 만들어지는 데 있어 꼭 필요하기 때문에 비타민 C가 부족하면 콜라겐도 적게 만들어져 세포 사이에 틈이 생기게 됩니다. 따라서 이런 틈으로 피가 빠져 나오게 되는 것입니다.

또, 비타민 C는 비타민 E의 친구입니다. 비타민 E가 담당했던 일을 기억하나요? 비타민 C는 비타민 E의 항산화 작용을 높이는 일을 하며, 자신도 항산화제의 역할을 하여 암을 예방하는 데 도움을 줍니다.

흔히 비타민 C는 감기 예방에 효과가 있다고 말합니다. 그 이유는 무엇일까요? 비타민 C가 우리 몸의 면역력을 높이기 때문입니다. 면역력이란 질병에 대한 우리 몸의 저항력을 말합니다.

우리 몸 안에서는 보이진 않지만 끊임없이 전쟁이 일어나고 있습니다. 세균이나 바이러스들이 우리 몸을 아프게 하기 위해 호시탐탐 노리고 있는 것이지요. 피부, 눈물, 위산, 코나 입 안의 점막, 기관지의 섬모 등은 1차 방어선입니다. 공기 중에 있는 수많은 세균이나 바이러스는 이런 1차 방어선에 걸려 대부분 들어오지 못합니다.

1차 방어선을 뚫고 들어오는 세균이나 바이러스는 혈액 속의 백혈구가 물리치게 됩니다. 백혈구가 2차 방어선이지요.

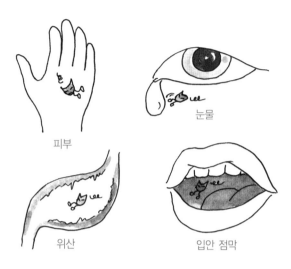

피부

눈물

위산

입안 점막

인체의 1차 방어선

백혈구는 세균과 바이러스가 몸의 세포와는 다르다는 것을 확인하고 그것들을 잡아먹게 됩니다.

백혈구가 몸 안에 들어온 세균과 바이러스를 물리치면 우리 몸은 아무 이상이 없지만, 만일 백혈구가 제 기능을 하지 못해 세균을 물리치지 못하면 병에 걸리게 되는 것입니다. 그런데 백혈구 안에는 많은 양의 비타민 C가 들어 있습니다.

우리 몸이 세균에 감염되면 백혈구 내 비타민의 농도가 떨어지고, 세균을 물리치면 비타민 C의 농도는 정상을 찾게 됩니다. 즉, 비타민 C가 백혈구의 식균 작용을 도와주는 일을 하는 셈이지요. 따라서 비타민 C가 부족하면 쉽게 세균에 감

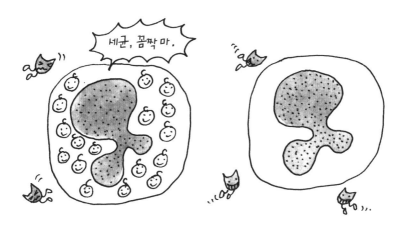

정상 백혈구와 비타민 C가 부족한 백혈구

염이 되는 것이지요.

이렇게 해서 여러 비타민이 하는 일을 알아보았습니다. 비타민 종류마다 하는 일이 다른 것도 있고 비슷한 것도 있지만, 어느 하나라도 없으면 우리 몸의 기능에 이상이 생기게 된다는 것을 알 수 있었습니다.

이때 한 학생이 손을 들었다.

__선생님, 그럼 비타민을 많이 먹는 것이 좋나요? 선생님의 설명을 들으니 많이 먹는 것이 좋을 것 같은 생각이 들어서요.

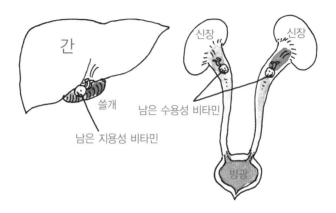

수용성 비타민과 지용성 비타민의 배설 방법 차이

하하, 뭐든 지나치면 좋지 않은 법이랍니다. 종류에 따라서 많이 먹어도 별 이상이 없는 것도 있고, 오히려 탈이 나는 것도 있습니다. 그것은 우리 몸에서 쓰고 남은 비타민이 어떻게 처리되느냐에 따라서 다릅니다.

소화된 지용성 비타민 중 비타민 A, D, K는 간에 쌓이게 되고, 비타민 E는 지방 조직에 쌓이게 됩니다. 또 남은 것은 소변으로 나가지 않고 쓸개즙 속으로 나가게 됩니다. 즉, 몸에서 빠져나가지 않고, 몸에 쌓이게 되는 것이지요.

그 경우 오히려 독성 물질로 작용하여 피해를 줍니다. 예를 들어, 비타민 A의 경우 너무 많이 먹으면 얼굴색이 누렇게 되거나 중독 증상을 보이고, 비타민 D의 경우 많이 먹으면 혈관 벽과 여러 기관에 칼슘이 쌓이게 됩니다.

소화된 수용성 비타민은 쓰고 남은 물질은 대부분 소변에 섞여 나갑니다. 특히 비타민 C의 경우 먹은 지 2~3시간 후면 소변으로 나오기 때문에 많이 먹더라도 탈이 날 걱정을 하지 않아도 됩니다. 그러나 비타민 B 복합체에 속하는 몇몇

비타민 결핍증과 과다증

비타민	결핍증	과다증
비타민 A(레티놀)	점막이 손상됨, 야맹증	간에 독성 물질 쌓임. 얼굴 색이 누렇게 됨. 구토, 설사. 단, 베타카로틴은 소변으로 배설됨.
비타민 D(칼시페롤)	구루병, 골다공증	혈관과 장기에 칼슘이 쌓임, 신장 결석, 두통
비타민 E(토코페롤)	노화, 불임	·
비타민 K(필로퀴논)	신생아의 혈액 응고가 안 됨.	·
비타민 B₁(티아민)	각기병, 피로, 식욕이 떨어짐.	·
비타민 B₂(리보플라빈)	입 주변의 염증, 피부병	·
비타민 B₃(나이아신)	펠라그라, 식욕이 떨어짐.	얼굴이 붉어짐. 가려움증
비타민 B₅(판토텐산)	피로, 근육 경련	·
비타민 B₆(피리독신)	빈혈, 성장 부진, 구토	·
비타민 B₉(폴산)	빈혈, 조산 또는 사산	·
비타민 B₁₂ (시아노코발라민)	악성 빈혈	·
비타민 B 복합체 혹은 비타민 H(바이오틴)	식욕이 저하, 우울증 피부병	·
비타민 C(아스코르브산)	괴혈병, 상처 회복이 느림, 빈혈	·

종류들은 문제를 일으키기도 합니다. 예를 들어, 나이아신을 너무 많이 먹었을 경우 얼굴이 빨개지거나 가려움증이 나타납니다. 따라서 너무 과하지 않게 정해진 양을 먹는 것이 좋겠지요.

오늘 수업은 조금 길었지요? 앞 페이지에 표로 정리한 비타민 결핍증과 과다증을 보면서 오늘 수업을 정리하도록 하죠.

선생님, 비타민은 우리 몸에서 어떤 일을 하고 부족할 때는 어떤 병이 생기게 되나요?

비타민의 종류에 따라 제각각의 기능이 있지요.

비타민 A는 눈의 각막, 피부, 입안, 위, 장, 허파, 기관지 등의 기관을 둘러싸고 있는 점막을 튼튼하게 유지시켜 주는 일을 해요.

그럼 비타민 A가 부족하면 어떻게 되나요?

눈 점막을 튼튼하게 내장 기관
비타민A
피부

피부가 거칠어지거나 입술이 갈라지고, 위나 장이 손상되어 설사를 자주 하지요. 또 허파나 기관지에 세균이 들어오기 쉬워 감기에 자주 걸려요.

감기 예방에 효과가 있다고 많이 먹는 비타민 C는 어떤 일을 하나요?

아.. 너무 거칠어

콜록 콜록
스~ 추워

비타민 C는 질병에 대한 우리 몸의 저항력을 높여줘요. 비타민 C가 부족하면 잇몸이나 피부 밑에서 피가 나는 괴혈병에 걸리지요.

비타민 C를 잘 챙겨 먹어야겠네요.

그리고 비타민 D는 우리 몸이 칼슘과 인을 잘 흡수할 수 있도록 해서 뼈를 튼튼하게 만드는 역할을 해요. 나이가 많은 사람과 임산부의 경우에는 비타민 D를 충분히 먹어야 하지요.

그렇군요. 그럼 비타민 E는요?

칼슘, 인

뼈를
튼튼하게!

비타민D

몸속의 나쁜 산소로부터 우리 몸을 보호하는 항산화 작용을 담당해요. 또 비타민 K, 비타민 B_1, 비타민 B_3 등이 모두 우리 몸을 보호하고 있지요.

어느 하나라도 없으면 안 되는 중요한 역할을 하네요.

우린 모두 중요해!

비타민A 비타민B 비타민C 비타민D 비타민E 비타민K

7

비타민은 우리 생활에 어떻게 이용되나요?

비타민을 이용해 만든 제품들이 많이 있습니다.
어떤 분야에 이용되는지 알아봅시다.

마지막 수업

비타민은 우리 생활에
어떻게 이용되나요?

홉킨스가 아쉬운 표정으로
마지막 수업을 시작했다.

　지난 시간에는 여러 가지 비타민이 우리 몸속에서 어떤 일
을 하는지에 대해 알아보았습니다. 각각의 비타민이 어떤 일
을 하는지는 여러 과학자들의 연구를 통해 알아낸 것입니다.

　대부분 비타민 연구 순서는 특정 비타민의 효과를 알아낸
다음 식품에서 순수한 비타민만 추출하고, 인공적으로 합성
하는 방법을 개발하는 순입니다.

　비타민을 인공적으로 합성하는 데에는 상당히 오랜 시간이
걸렸는데, 예를 들어 비타민 C는 1928년에 발견되었지만 합
성법이 발견된 것은 1932년의 일이며, 이와 비슷한 시기에

발견된 비타민 A는 35년이 지나서야 합성법이 개발되었습니다. 오늘날 비타민이 포함된 여러 가지 물건들이 만들어진데에는 비타민을 인공적으로 합성할 수 있는 기술이 나왔기 때문이랍니다.

합성 비타민이 만들어지기 이전 자연산 비타민 약을 만들어 큰돈을 번 사람이 있었답니다. 1930년대에 중국에서 사업을 하던 칼 렌보그라는 미국 사람은 당시 상하이에 있었는데, 당시 상하이는 전쟁 때문에 고립되어 있어 쌀과 물 이외에는 먹을 것이 부족했습니다. 그래서 상하이에 살고 있는 사람들은 영양 결핍증으로 고생했는데, 칼 렌보그는 채소를 끓여 만든 나름대로의 약을 만들어 무사할 수 있었습니다. 이 시기에는 여러 비타민들이 발견되던 때였고 비타민에 대한 사람들의 관심이 높아지던 시기였습니다.

무사히 고국에 돌아온 그는 자신이 만들었던 치료제를 보완해 약으로 팔기 시작했고, 사람들에게 선풍적인 인기를 끌었습니다. 비타민이 인공적으로 합성되기 시작하자 다양한 비타민이 약의 형태로 만들어져 널리 팔리게 되었습니다.

이런 약 중에는 비타민 C, 비타민 E 등 한 가지 종류만 들어간 것도 있고, 여러 가지 비타민이 같이 들어 있는 종합 비타민제도 있습니다. 또, 성장기 어린이를 위한 비타민제, 임산부를 위한 비타민제 등 필요에 따라 다양한 약이 나오고 있습니다.

그럼 비타민을 약으로 만든 제품 이외에 또 어떤 물건들이 있을까요?

__ 비타민 음료, 비타민이 들어 있는 화장품이요.

네, 비타민 음료는 요즘 한창 인기를 끌고 있죠. 달콤하기 때문에 여러분 중에서도 좋아하는 사람들이 많을 것입니다. 종류도 무척 다양해서 시중에서 팔리고 있는 비타민 수를 모두 세어 보면 수십 종이 넘을 것입니다.

종류에 따라 음료 안에 들어 있는 성분과 양이 다르니 포장지에 적혀 있는 성분을 조사해 보세요. 예를 들어 여러 가지 비타민이 들어 있다고 선전하는 한 음료 안에는 오른쪽과 같은 물질이 들어 있답니다. 여기서 공부한 비타민이 많이 보이지요? 이렇게 성분표를 살펴보면 이 제품에 포함된 영

영양 성분 및 함량(1병, 100mL당)	
열량	60kcal
탄수화물	15g
단백질	0g
지방	0g
나트륨	65mg
비타민 A	135μg
비타민 B$_2$	0.67mg
비타민 B$_6$	0.28mg
비타민 B$_{12}$	0.19μg
비타민 C	30mg
비타민 E	1.88mg
나이아신	2.44mg
판토텐산	0.93mg
비타민 P	0.5mg

양소의 종류와 양을 알 수 있어 편리하답니다.

비타민 음료 이외에 여러분의 어머니가 쓰는 화장품에도 비타민 성분이 들어 있는 것이 있습니다. 화장품 광고를 보면 레티놀, 비타민 C, 토코페롤 등이 들어 있는 기능성 화장품이라고 선전하는 경우가 많습니다. 화장품에 들어 있는 비타민들은 각각 어떤 역할을 할까요? 지난 시간에 배웠던 것을 잘 떠올려 보세요.

레티놀이 들어 있는 화장품은 주로 피부의 각질을 없애 뽀얗게 만들어 주고 잔주름을 펴 준다고 합니다. 레티놀은 피부를 튼튼하게 해 준다고 했던 것을 기억하지요? 비타민 C는 기미, 주근깨를 없애고 피부를 하얗게 해 주는 미백 작용을 합니다. 토코페롤은 항산화 작용을 통해 피부의 노화를 방지한다고 합니다. 그런데 비타민이 들어 있는 화장품은 정말로 효과가 있는 것일까요?

광고만 무조건 믿지 말고, 여러분이 공부한 비타민의 특징과 하는 일을 잘 생각해 보세요. 레티놀 성분이 각질을 없애고 잔주름을 펴 주는 일을 하는 것은 맞습니다. 그러나 실제로 피부에서 이런 효과를 보려면 화장품에 20% 이상 들어 있어야 한다고 해요. 그러니 화장품 안에 레티놀이 얼마나 들어 있는지 잘 살펴봐야겠죠? 또, 레티놀의 특징 중 하나는 빛

에 약하다는 것을 기억하나요? 햇빛을 받으면 레티놀 성분이
파괴되기 때문에 레티놀 화장품은 밤에 바르는 것이 좋답니다.

비타민 C의 경우에도 여러 가지 생각할 것이 있답니다. 일
단 비타민 C의 특징을 생각해 보면 여러 비타민 중에서 가장
불안정하다고 했습니다. 햇빛, 열 등에 약해 쉽게 변하기 때
문에 화장품은 뚜껑을 여는 순간부터 비타민 C가 파괴된답
니다.

또, 피부에 바른 후 3시간 정도가 지나면 비타민 C가 파괴
됩니다. 그리고 피부 색소를 옅게 해 주는 효과가 있는 것은
맞지만 문제는 비타민 C가 피부 속 깊이 들어가지를 못한다
는 것입니다. 따라서 효과를 보려면 아주 오랜 기간 동안 화
장품을 써야 합니다.

그래서 화장품 회사들은 비타민이 덜 파괴되면서 효과는 뛰어난 제품을 만들기 위해 새로운 기술을 개발합니다. 최근 어떤 회사에서는 나노 기술을 응용한 화장품을 만드는 데 성공했답니다. 나노란 10억 분의 1을 말합니다. 상상할 수 없을 정도로 작은 단위지요. 이 화장품은 비타민 C 성분을 나노 단위의 캡슐에 담아 만든 것으로 피부 속에 잘 들어가도록 한 것이랍니다. 물론 이런 제품들도 실제로 효과가 있는지는 검증해 봐야 할 것입니다.

이밖에 비타민을 포함시켜 만든 식품도 있습니다. 예를 들어 비타민을 섞은 라면, 밥에 뿌려 먹는 분말 비타민제, 비타민 코팅 쌀 등이 그것입니다. 비타민 코팅 쌀의 경우 잘 씻은 쌀을 코팅 기계에 넣고 비타민을 뿌려 쌀에 입힌 것입니다.

이 기술을 응용하여 베타카로틴 쌀, 비타민 E 쌀 등 비타민

이 들어 있는 쌀 이외에도 칼슘, 스쿠알렌 등 다른 영양소가 포함되어 있는 쌀, 키가 크는 쌀, 당뇨병 환자에게 좋은 쌀 등 여러 가지 기능성 쌀이 많이 나오고 있습니다.

또, 최신 생명 공학 기술을 이용해 만든 제품도 있습니다. 바로 영국에서 개발된 황금 쌀입니다. 황금 쌀은 프로비타민인 베타카로틴이 듬뿍 들어 있어 황금색을 띠기 때문에 붙여진 이름입니다.

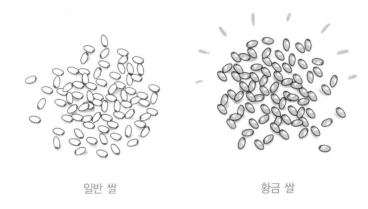

일반 쌀   황금 쌀

황금 쌀이 특별한 이유는 유전자를 조작해 만든 유전자 조작 농산물이기 때문입니다. 유전자 조작이란 생명 공학 기술의 한 종류입니다. 최근 과학 기술의 발달로 유전자의 구조와 하는 일이 밝혀지자 과학자들은 우수한 유전자를 가진 새로운 생물을 만드는 연구를 하게 되었습니다.

더 많은 우유를 생산하는 젖소, 열매가 많이 달리는 벼, 더 크게 자라는 연어 등이 이런 기술을 이용해 만들어진 생물입니다. 황금 쌀도 이런 기술을 응용해 만든 것입니다. 황금 쌀을 만드는 방법은 다음과 같습니다.

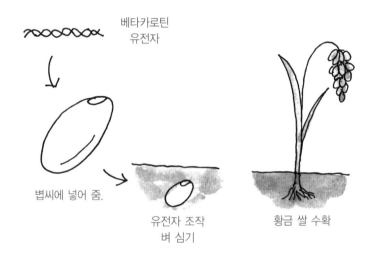

베타카로틴
유전자

볍씨에 넣어 줌.

유전자 조작
벼 심기

황금 쌀 수확

황금 쌀 만드는 과정

다른 식물에서 베타카로틴을 만드는 유전자만 뽑아 낸 다음 쌀에 넣어 줍니다. 유전자를 조작한 쌀을 심으면 열매로 맺힌 쌀은 베타카로틴이 많이 들어 있는 황금 쌀이 됩니다.

세계보건기구(WHO)는 전 세계적으로 비타민 A가 부족해

눈이 먼 어린이들이 50만 명에 달한다고 발표했는데, 이 쌀을 공급하면 실명 위기에 처한 어린이들을 구할 수 있습니다. 물론 유전자 조작 생물이 좋은 점만 있는 것은 아닙니다. 어떤 문제점이 있을 수 있을까요?

　__유전자를 조작했다고 하니 무서워요. 몸에 안 좋을 것 같아요.

　네, 그런 걱정들도 있습니다. 유전자를 조작한 생물을 우리가 먹게 되면 우리 몸에서 어떤 변화가 일어날지 모르기 때문에 신중하게 판단해야 한답니다. 실제로 요즘은 유전자 조작 식품에 유전자 조작을 했다는 내용을 표시해 소비자들이 알 수 있게 한답니다.

　또, 생태계가 파괴될 걱정도 있습니다. 예를 들어 농작물에 해가 되는 벌레를 죽이려고 살충제를 뿌렸는데, 이 농작물을 해충이 아닌 곤충이 먹었을 경우 곤충이 죽을 수도 있습니

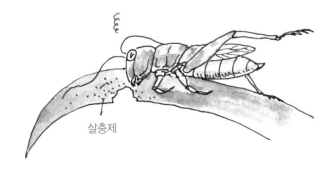

살충제

다. 따라서 이 곤충을 먹고 사는 다른 동물들에게도 피해를 주게 되고, 생태계의 먹이 사슬이 파괴될 수도 있습니다.

또, 정치, 경제적인 문제도 있을 수 있답니다. 대부분 이런 유전자 조작 생물을 만드는 곳은 대학이나 연구소 같은 데도 있지만 회사에서 개발하는 경우도 많습니다. 특히 전 세계에 영향력을 행사하는 다국적 기업인 경우가 대부분입니다. 만일 전 세계 농부들이 황금 쌀만 재배하게 되었을 때, 회사에서 비싼 값으로 볍씨를 판다면 할 수 없이 비싼 값을 주고 볍씨를 살 수밖에 없는 셈이지요. 이런 여러 가지 문제들 때문에 유전자 조작 생물을 꺼리는 사람들도 많습니다.

다시 비타민 이야기로 돌아오죠. 지금까지는 주로 먹는 식

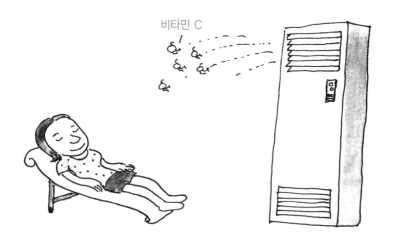

비타민 C

품 위주로 얘기했는데 가전제품에도 비타민이 사용된답니다. 최근에 '웰빙' 열풍으로 인해 몸과 마음 모두 건강한 생활을 추구하는 사람들이 많아졌는데, 비타민의 효능을 가전제품과 연관지어 새로운 물건을 만들어 낸 것이지요.

이런 제품으로는 비타민이 들어 있는 에어컨, 공기 청정기, 샤워기 등이 있습니다. 에어컨이나 공기 청정기 속에 비타민 C를 넣어 바람을 타고 비타민 C가 공기 중에 퍼지도록 하면, 비타민이 사람의 몸속에 흡수되어 좋은 영향을 준다는 원리입니다. 또, 샤워기 속에 비타민 C를 넣으면 수돗물 속 염소를 없애 주어 피부에 좋은 물로 변화시킨 제품도 인기를 끌고 있습니다.

이처럼 우리 주위에는 비타민을 이용한 많은 제품들이 있습니다. 그중에는 여러분이 미처 생각지 못한 것들도 있을 것입니다. 조금만 관점을 바꿔 생각하면 새로운 아이디어가 나올 수 있습니다. 여러분도 비타민을 이용해 어떤 제품을 만들 수 있을지 생각해 보세요. 다만 주의해야 할 것은 여러분은 제품 광고를 그대로 믿지 말고 과학적으로 근거가 있는지를 판단하는 능력이 있어야 한답니다.

과학자의 비밀노트

비타민 C를 많이 복용하면 감기에 걸리지 않을까?

건강한 신체를 유지하기 위하여 하루에 섭취해야 하는 비타민 C의 양은 60mg 정도이다. 노벨상을 두 번이나 받은 폴링(Linus Pauling,1901~1994)은 1970년에 비타민 C를 1일 권장량보다 훨씬 많은 양을 복용하면 감기 예방에 좋을 뿐만 아니라, 면역력을 강화시켜 주고 스트레스 해소에도 도움이 된다고 주장하였다. 또한, 비타민 C는 대표적인 항산화 비타민으로 체내에서 생산되는 유해 산소의 작용을 막아주기 때문에 순환기 질환을 예방할 뿐만 아니라 노화 방지와 암의 예방에도 효과가 있다고 주장하였다.

그러나 비타민 과복용의 효능과 부작용에 대해서는 아직도 의학계에서 논란이 계속되고 있기 때문에 과도한 비타민 섭취에 대해서는 신중해야 한다.

이게 다 뭔가요?

오늘 쇼핑하러 가서 비타민이 들어 있는 여러 가지 상품을 사 왔어요.

그런데 선생님, 어떻게 음식에 들어 있는 비타민이 이렇게 약으로 만들어질 수 있나요?

요즘은 비타민을 인공적으로 합성할 수 있는 기술이 나왔기 때문이랍니다.

이런 약 중에는 비타민 C, E 등 한 가지가 들어 있거나, 여러 가지 비타민이 같이 들어 있는 종합 비타민제도 있답니다.

여기 약 외에도 비타민이 들어 있는 화장품도 있어요.

화장품에 들어 있는 레티놀은 피부의 각질을 없애 뽀얗게 만들어 주고 잔주름을 펴 줍니다.

비타민 C는 기미, 주근깨를 없애고 피부를 하얗게 해 주는 미백 작용을 하고, 토코페롤은 항산화 작용을 통해 피부의 노화를 방지합니다.

내 동안의 비결은 비타민 C야!

또 어떤 것이 있나요?

비타민을 섞은 라면, 밥에 뿌려 먹는 분말 비타민제, 비타민 코팅 쌀 등과 같은 음식물 외에도 비타민이 들어 있는 에어컨, 공기 청정기, 샤워기 등이 있습니다.

비타민은 대단하군요.

비타민 Q & A

비타민과 관련된 여러 가지 궁금증을 해결합니다.

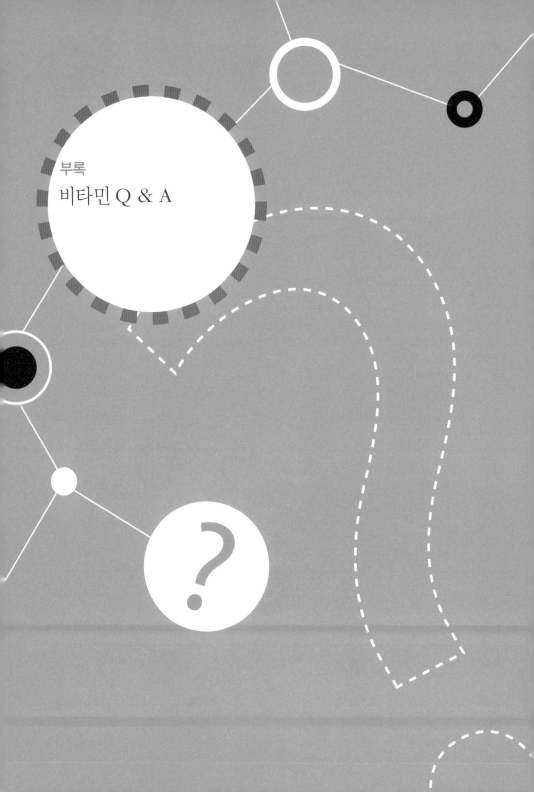

부록

비타민 Q & A

비타민에 대한
궁금점을 풀어 봅시다.

    지금까지 7일간의 수업을 통해 비타민에 대한 것을 알아보았습니다. 하지만 평소에 비타민에 대해 궁금하게 생각하고 있던 것이 많을 것 같아서 다시 이 자리를 마련했답니다. 혹시 여러분이 궁금하게 생각한 것이 있으면 물어보세요.

    Q. 우리 집 식구들은 여러 가지 비타민 약을 먹고 있는데요. 혹시 비타민 종류에 따라 먹는 방법이 따로 있나요?

    A. 무척 건강에 관심이 많은 가족이군요. 물론 비타민의 종류에 따라서 먹는 방법이 다릅니다. 그것은 비타민이 수용성

이냐 지용성이냐에 따라 우리 몸에 흡수되는 방법이 다르기 때문에 최대한 많은 양이 흡수될 수 있는 방법을 쓴답니다. 수용성 비타민 약은 식사를 끝낸 직후에 먹습니다. 그러면 음식 속에 포함된 영양소들의 작용이 원활해져 효과를 높일 수 있습니다. 지용성 비타민 약은 가능한 한 음식을 먹을 때 함께 먹는 것이 좋습니다.

Q. 인터넷이나 책을 찾아보니까 1일 비타민 권장량이 조금씩 다르게 나오는데, 얼마나 먹어야 하는지 잘 모르겠어요. 어떻게 해야 하나요?

A. 1일 비타민 권장량에 너무 신경 쓰지 마세요. 비타민 권장량을 보면 보통 나이와 성별에 따라 구분하는 경우가 많습니다. 어린이와 성인, 남자와 여자 식으로요. 하지만 같은 성별, 같은 나이라도 얼마나 활동하는지, 현재의 건강 상태가 어떤지, 어떤 음식을 많이 먹는지에 따라 그 양은 달라질 수 있습니다. 예를 들어, 감기에 걸렸거나 스트레스를 많이 받는 사람은 그렇지 않은 사람에 비해 훨씬 더 많은 비타민 C를 필요로 합니다. 또, 임산부, 심장병 환자 등 특수한 상황에 있는 사람들 또한 표준으로 잡은 비타민 양보다 더 많은 양을 먹거나 줄여야 합니다. 또, 같은 사람이라고 할지라도

임산부   감기 환자   운동선수

그날의 몸 상태 혹은 먹은 음식에 따라 양이 달라질 수 있습니다. 예를 들어, 비타민 B_1은 탄수화물을 에너지로 바꾸는 데 도움을 주는데, 평소보다 운동을 열심히 했다면 권장량보다 더 많은 양을 먹어야 지친 몸에 에너지 공급을 빨리 할 수 있을 것입니다.

Q. 학교 친구들 중에는 사이가 좋은 친구도 있고, 사이가 나쁜 친구도 있잖아요. 혹시 비타민들 사이에도 그런 관계가 있나요?

A. 물론 비타민들 사이에도 궁합이 있답니다. 서로 도움이 되는 관계도 있고, 오히려 해가 되는 관계도 있지요. 또, 비타민뿐만 아니라 다른 영양소와도 서로 좋고 나쁜 관계를 맺는답니다. 예를 들어, 무기질 성분 중의 하나인 마그네슘은

비타민 C의 효과를 높여 주고, 비타민 B 복합체에 속하는 비타민들은 서로 도와 여러 가지 일을 한답니다. 그러나 비타민 C를 많이 먹으면 폴산은 소변으로 빠져나갑니다. 따라서 비타민 C를 많이 먹으면 폴산 또한 많이 먹어야 합니다.

또, 음식들 사이에도 같이 먹어서 좋은 것과 좋지 않은 것이 있다는 것을 들어 본 적이 있을 것입니다. 이 또한 자세히 살펴보면 음식 속에 들어 있는 영양소 사이에서 일어나는 작용에 따른 것입니다. 예를 들어, 우유에 설탕을 넣어 마시게 되면 맛은 있지만 우유 속에 들어 있는 비타민 B_1이 설탕에 의해 파괴되기 때문에 설탕을 넣지 말아야 합니다.

Q. 비타민 약을 먹을 때 일반적으로 주의해야 할 점은 없나요?

A. 매일 같은 시간대에 약을 먹는 것이 좋답니다. 그리고 한 번에 많이 먹지 말고 아침, 점심, 저녁으로 나누어 먹습니다. 특히 수용성 비타민인 경우는 몸속에 저장되지 않기 때문에 한번에 많이 먹으면 빠져 나가는 양이 더 많기 때문에 비효율적입니다. 또, 빈속에

먹으면 소화 기관에 이상이 생길 수 있으니 식사를 하지 않았을 때에는 먹지 않는 것이 좋습니다.

Q. 저는 비타민 C 영양제를 먹고 있는데, 만약에 다른 약을 먹게 되면 비타민 C를 먹지 말아야 하나요?

A. 그건 약물의 종류에 따라 다르답니다. 동물과 인간을 대상으로 한 연구에서 아스피린은 비타민 C의 흡수를 방해한다는 결과가 나왔습니다. 아스피린과 비타민 C를 동시에 먹었을 때 백혈구 안의 비타민 농도가 낮아지고 흡수율이 떨어졌다고 합니다. 따라서 아스피린을 계속 먹는 사람들은 더 많은 비타민 C를 먹어야 부족하지 않겠지요.

Q. 비타민 유사 물질이라는 것을 들은 적이 있어요. 비타민 유사 물질에 속하는 것에는 무엇이 있고, 하는 일은 무엇인가요?

A. 지난번에도 얘기했지만 아직 비타민으로 인정받지는 않았지만, 비타민과 비슷한 일을 하는 것을 말합니다. 특히 비타민 B의 유사 물질들이 많은데 비타민 B_{13}, 비타민 B_{15}, 비타민 B_{17}, 비타민 Q, 비타민 U 등이 있습니다. 비타민 B_{13}은 오로트산이라고 불리는데 폴산과 비타민 B_{12}의 작용을 도와줍니다. 비타민 B_{15}는 판가믹산(Pangamic acid)이라고 하며, 비

타민 E와 마찬가지로 항산화 작용을 하여 세포의 수명을 연
장하고, 피로를 빨리 회복하는 데 도움이 됩니다. 비타민 B_{17}
은 라에트릴(Laetrile)이라고 부르며 살구 씨에서 추출된 성분
입니다. 항암 효과가 있어 미국에서는 암 치료약으로 쓰입니
다. 비타민 Q는 몸에서도 합성되는 지용성 비타민으로 심장
병이나 뇌출혈을 치료하는 데 도움이 됩니다. 비타민 U는 위
산의 분비를 억제해 위궤양이나 십이지장궤양을 치료하는
데 도움을 줍니다.

Q. 스트레스를 이기는 데 도움이 되는 비타민에는 무엇이 있나요?

A. 스트레스를 많이 받으면 몸에서 비타민이 빨리 없어집
니다. 스트레스를 이기는 데 도움이 되는 것은 비타민 C, 비

타민 E, 판토텐산입니다.

우리 몸의 신장 위에 모자처럼 생긴 부신이라는 기관에서 분비되는 부신겉질 호르몬은 스트레스를 이기는 데 도움을 줍니다. 비타민 C와 비타민 E는 부신을 튼튼하게 만들어 부신겉질 호르몬을 많이 분비하도록 하고 판토텐산은 부신겉질 호르몬을 빨리 만들도록 해 줍니다.

Q. 비타민 C는 원래 하얗다고 하는데, 왜 비타민 C 알약은 노란색을 띠나요?

A. 비타민 C는 흰 가루 형태로는 너무 시어 먹기 힘듭니다. 그래서 대부분 비타민 C 제품은 당분을 넣고, 당을 분해하는 데 도움을 주는 비타민 B_2를 넣는데 이것이 진한 노란색을 띱니다. 또, 가공을 하는 과정에서 노란색의 식용 색소를 넣어 보기 좋게 만들기도 하므로 대부분의 비타민 C 제품은 노랗게 보이는 것이랍니다.

Q. 비타민 B_1과 C 이외에 다른 비타민은 누가 어떻게 발견하게 되었나요?

A. 1919년 영국의 과학자인 에드워드 멜런비는 구루병에 걸린 강아지들에게 생선 기름에 들어 있는 지용성 A를 주었

더니 다 나은 것을 발견하고, 성분 분석을 하였습니다. 그 안에는 구루병을 막는 물질과 강아지들이 정상적으로 자라는 데 도와주는 물질이 들어 있으며, 이 둘 사이에는 차이가 있다는 것을 증명하였습니다. 이후 그는 구루병을 막아 주는 물질을 비타민 D라고 하고, 정상적으로 자라는 데 필요한 물질을 비타민 A라고 이름 붙였습니다.

비타민 E는 쥐를 이용한 실험에서 발견되었는데 1922년에 특정 식물성 기름을 준 쥐는 그렇지 않은 쥐에 비해 항상 건강한 새끼를 낳는다는 것을 발견하고 비타민 E라고 이름을 지었습니다. 비타민 E의 화학명인 토코페롤은 그리스 어로 '자식'이라는 뜻을 가진 단어에서 유래한 것입니다.

비타민 E 섭취   먹지 않은 쥐

비타민 연구의 선구자
홉킨스 Frederick Gowland Hopkins, 1861~1947

동물의 생존에 없어서는 안 되는 영양소 중 하나인 비타민의 정체가 제대로 밝혀진 것은 20세기에 이르러서야 가능했습니다. 이 비타민의 존재를 밝혀낸 과학자가 바로 홉킨스입니다.

홉킨스는 영국의 생화학자입니다. 가난한 집안에서 태어난 그는 정규 학교 교육을 받지 못하고 독학으로 공부하였습니다. 그는 생화학 분야에 많은 관심을 가지고 있었는데 병원의 실험 조수로 근무하면서 나비 날개의 색소 성분을 밝혀내는 등의 연구를 하였습니다.

홉킨스는 연구 능력이 뛰어났기 때문에 정규 교육을 받지 못했음에도 불구하고 케임브리지 대학의 강사로 초빙되어 학생들에게 생화학 강의를 하면서 단백질 연구를 시작하였습니다. 그는 단백질 성분인 알부민을 추출하고, 트립토판의 발견, 근육의 젖산 발효 과정을 밝히는 등 수많은 업적을 쌓았습니다.

1914년 케임브리지 대학의 교수가 된 그는 단백질과 관련된 실험을 하던 중 단백질에서 정체를 알 수 없는 미량의 물질을 발견하였습니다. 이 물질이 동물에게 미치는 영향을 알아보기 위해 실험용 쥐에 실험을 하였습니다. 즉 영양분이 풍부한 먹이를 주면서 한 무리에는 이 물질을 주지 않고, 다른 무리에는 이 물질을 주면서 생장 정도를 비교해 보았습니다. 그 결과 미지의 물질을 준 생쥐들은 잘 자랐지만, 이 물질을 주지 않는 생쥐들은 성장이 멎고 체중이 줄면서 나중에는 경련을 일으키는 이상 증세를 보였습니다.

이 물질이 오늘날 우리가 알고 있는 비타민이었으며, 홉킨스는 이 공로를 인정받아 에이크만과 함께 1929년 노벨 생리의학상을 수상했습니다.

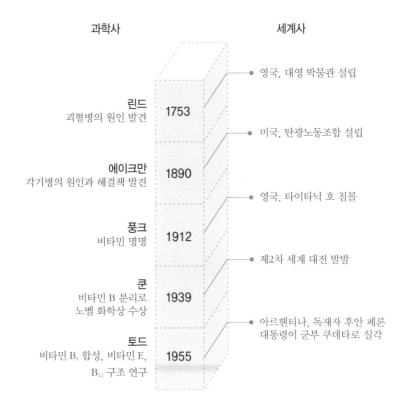

과학사

세계사

영국, 대영 박물관 설립

린드
괴혈병의 원인 발견

1753

미국, 탄광노동조합 설립

에이크만
각기병의 원인과 해결책 발견

1890

영국, 타이타닉 호 침몰

풍크
비타민 명명

1912

제2차 세계 대전 발발

쿤
비타민 B 분리로
노벨 화학상 수상

1939

아르헨티나, 독재자 후안 페론
대통령이 군부 쿠데타로 실각

토드
비타민 B_1 합성, 비타민 E,
B_{12} 구조 연구

1955

1. 우리가 살아가는 데 필요한 영양소를 ☐☐ 영양소라고 합니다.

2. 비타민 C가 부족하면 잇몸에서 피가 나고 피로, 혈관 출혈 등의 증상이 나타나며 심해지면 죽기도 하는 ☐☐☐ 에 걸립니다.

3. 각기병은 팔다리에 힘이 빠지고, 다리가 붓고 마비가 와서 심해지면 죽기도 하는 병으로 각기병을 치료하기 위해서는 ☐☐ 를 먹어야 합니다.

4. 음식에서 비타민 성분을 추출해 내고, 비타민이라는 이름을 붙인 사람은 미국의 과학자인 ☐☐ 입니다.

5. 기름에 잘 녹는 지용성 비타민에는 비타민 ☐ , ☐ , ☐ , ☐ 가 있습니다.

6. 비타민은 아주 적은 양이지만, 우리 몸에 꼭 필요한 물질로 기준량보다 부족하면 ☐☐☐ 이 생깁니다.

7. 비타민 A는 동물의 간에 많이 들어 있으며 부족하면 밤에 눈이 잘 보이지 않는 ☐☐☐ 에 걸립니다.

1. 필수 2. 괴혈병 3. 쌀겨 4. 풍크 5. A, D, E, K 6. 결핍증 7. 야맹증

　현재까지 밝혀진 비타민의 종류는 지용성 4종류, 수용성 11종류이며, 비타민 유사 물질이 4~6종이 있습니다. 그중에서 뇌 기능과 관련된 것은 비타민 B군입니다.

　뇌의 주요 에너지 공급원은 탄수화물(포도당)입니다. 음식물 속의 영양소가 포도당으로 분해되는 과정에는 많은 효소들이 필요한데 비타민 B군은 이 분해 과정에 필요한 조효소로, 부족할 경우 포도당이 잘 만들어지지 못할 뿐 아니라 기억력과 인식 능력이 떨어질 수 있습니다.

　외부의 정보가 뇌로 전달되고, 뇌에서 내리는 명령이 다시 몸으로 전달되는 작업은 신경의 기본 단위인 뉴런을 통해 이루어집니다. 뉴런과 뉴런 사이에는 신경 전달 물질이 있어서 이들이 정보를 전해 주게 됩니다. 신경 전달 물질 가운데 세로토닌은 아미노산의 한 종류인 트립토판이라는 물질에서 만들어지는데, 합성 과정에 여러 종류의 비타민이 필요합니다. 실험에 의하면 비타민 B_1, 비타민 B_2, 나이아신, 비타민 B_6, 비타민 B_{12}, 폴산, 비타민 C가 부족할 경우 기억력이 떨어지는 증상이 나타난다고 합니다.

60세 이상 200명의 건강한 성인을 대상으로 비타민 영양 상태와 뇌의 인식 능력 사이의 상관관계를 조사한 결과, 혈액 속 비타민 C와 비타민 B_{12}의 양이 적은 사람들이 충분한 양의 비타민을 섭취한 사람들보다 단기 기억력과 문제 해결 능력에서 낮은 점수를 받았습니다. 또 혈액 속 비타민 B_2와 엽산의 양이 적은 사람들이 문제 해결 능력에서 낮은 점수를 받았다고 합니다.

최근 사회 문제가 되는 치매 역시 뇌 질환 질병입니다. 아직까지 치매의 정확한 원인은 알려지지 않았지만, 비타민 B_1의 결핍이 치매를 유발할 수 있다는 연구 결과가 있습니다. 문제는 노인들이 젊은 사람들보다 비타민 B_1 결핍에 더 민감하게 영향을 받는다는 것입니다.

이러한 여러 결과들로 미루어 충분한 비타민 섭취가 뇌 기능을 정상적으로 유지하는 데 필요하다고 할 수 있습니다. 다만 IQ와 비타민과의 관계는 확실하게 밝혀진 것은 없습니다.